高等学校生物工程专业教材

生物工程基础实验

游　玲　主编

中国轻工业出版社

图书在版编目（CIP）数据

生物工程基础实验／游玲主编. —北京：中国轻工业出版社，2023. 2

ISBN 978-7-5184-4156-3

Ⅰ. ①生… Ⅱ. ①游… Ⅲ. ①生物工程—实验—高等学校—教材 Ⅳ. ①Q81-33

中国版本图书馆 CIP 数据核字（2022）第 183010 号

责任编辑：贺　娜　　责任终审：劳国强　　整体设计：锋尚设计
策划编辑：江　娟　　责任校对：朱燕春　　责任监印：张　可

出版发行：中国轻工业出版社（北京东长安街 6 号，邮编：100740）
印　　刷：河北鑫兆源印刷有限公司
经　　销：各地新华书店
版　　次：2023 年 2 月第 1 版第 1 次印刷
开　　本：787×1092　1/16　印张：13
字　　数：300 千字
书　　号：ISBN 978-7-5184-4156-3　定价：45.00 元
邮购电话：010-65241695
发行电话：010-85119835　传真：85113293
网　　址：http://www.chlip.com.cn
Email：club@chlip.com.cn
如发现图书残缺请与我社邮购联系调换
220619J1X101ZBW

本书编委会

主　　编　游　玲

副 主 编　朱文优　陈文浩　严　悦　张永光

参编人员　田志革　王　松　潘婉舒　尹礼国

　　　　　孙雪琴　杜永华

前　言

2022年，习近平总书记在宜宾学院考察时提出“幸福生活是靠劳动创造的，大家要保持平实之心，客观看待个人条件和社会需求，从实际出发选择职业和工作岗位，热爱劳动，脚踏实地，在实践中一步步成长起来”。在这样的社会大环境下，地方本科院校纷纷向应用转型，学生实践能力的培养显得愈加重要，实践教学体系改革的重要性也进一步凸显。宜宾学院生物工程专业通过6年的实践教学模块化改革，探索搭建了基于“生物工程基础实验”“生物工程综合实验”“生物工程创新实验”三大实验课程的实验教学平台，建设了一批与固态发酵产业相关的实践教学基地，但长期以来支撑这三大教学平台的实验课程没有相关教材，2020年，教学团队组织编写了《生物工程综合创新实验》，同时，整合生物工程基础实验的相关项目、国标，编写了《生物工程基础实验》教学讲义，并在2019、2020两个年级试用，效果良好。

本教材具有以下四个方面的特点。一是强调基础及规范。内容覆盖了本专业需要掌握的生化与分子生物学相关实验项目17个，微生物学相关实验项目14个，同时为多个项目设计了动态更新的视频资源，学生通过扫描二维码中的视频学习，为实验教学提供更加生动直观的教学资源，有利于训练学生规范操作、准确表达，培育工匠精神。二是突出产业应用。针对生物工程专业“基础能力”“应用能力”“创新能力”培养的需要，以应用创新型人才培养为目标，立足应用，增加了与产业应用相关的基础理化分析检测项目27个。三是将标准化融入教学。在《国家标准化发展纲要》的指导下，引入生物工程相关产业或产品涉及的国家标准、地方标准、团体标准相关教学内容，使学生所学知识能直接对接产业应用。四是持续的参考价值。教材新增了DNA提取及高通量测序数据解读、数据呈现等项目内容，附录部分强调资料属性，增加了在科研过程中收集到的多个工业微生物图片，为学生在课程内外提供持续的参考价值。

在本教材的编写过程特别是视频教学资源的收集过程中，得到了宜宾市南溪区今良造酿酒有限公司、四川省宜宾高洲酒业有限责任公司等多家企业的支持，一并表示感谢。

有不足不当之处，敬请批评指正。

游　玲

2022.09

目 录

进入实验室须知

进入实验室须知——
实验室安全规范

一、一般规则

1. 进入实验室之前必须参加实验室安全知识考试，合格后才能进入实验室。

2. 不得从事与实验无关的娱乐活动，实验时保持安静，不得大声喧哗。严禁在室内吸烟、随地吐痰、吃东西和乱扔杂物，不做与实验无关的事。

3. 保持实验室的整洁和良好的工作秩序，服从管理人员安排，实行安全卫生值日制度，做好安全卫生工作。

4. 实验前应检查所用的仪器设备是否完善，并做好必要的准备工作。实验后应进行擦洗、校验、整理、复原等工作，废物要放入纸篓或废物箱内，保持工作台整洁。

5. 当实验正在进行或实验设备正在运行时，操作人员不得离开实验室。如有事要短时间离开，应委托他人照看。照看人员应了解万一发生事故应采取的措施。

6. 严禁学生擅自配备实验室钥匙，无关人员不得进入实验室，如确有需要则必须有实验室工作人员全程陪同。

7. 在哪里拿在哪里放，公共用品使用后必须及时放回原处，不得擅自占用、挪用他人的台面、仪器、试剂、耗材等。

8. 注意防火防盗，离开前应检查仪器电源、自来水龙头是否关闭，关好窗户，锁好门。

9. 实验小组组长对实验指导教师及实验室管理人员负责，领用药品、清洁卫生等。

二、仪器设备管理

1. 实验室的仪器设备一律不许随便搬动拆改。对不遵守操作规程的人员，实验室管理人员有权制止其使用仪器。

2. 爱护仪器、设备，因不负责任或不遵守操作规程而造成仪器、设备损坏或丢失的人员，赔偿损失的一部分或全部。

3. 能用一般仪器设备解决的实验，不得使用精密仪器设备。使用精密仪器设备应有正式记录。

4. 仪器设备发生损坏、丢失或其他事故时，应迅速向管理人员报告，以便及时追查原因，做出处理。

5. 作好贵重设备的使用记录。发现贵重设备出现了问题，应及时通知实验室管理人员，任何人不得擅自拆卸。

6. 使用危险性大或贵重的设备，必须先经过有关老师的许可。

7. 实验室所有菌种统一集中保存，未经允许不得打开菌种保存专用冰箱。

8. 所有菌种及其他生物材料的保存必须经实验管理人员同意，在适当的地点、适当的保存条件下保存，注明保存时间、保存条件、保存人等相关事项。对其他人的保存材料不得擅动。

9. 节约耗材，发现浪费，管理人员可禁止其进入实验室。

10. 实验室仪器配套电脑仅用于运行配套软件及临时数据处理，可借用实验室电脑，不得擅自安装卸载软件，不得拷贝或删除其他人资料，实验室电脑不对任何数据安全负责，一般不提供打印服务。

三、借用物品登记

1. 贵重设备不外借。

2. 任何实验材料不允许带出实验室。借用物品必须登记。

3. 借用菌种必须指导教师签字并传代活化后归还。

四、卫生管理

1. 实验人员要对自己的实验过程的清洁卫生负责，不得随便丢弃对环境造成污染的废物。

2. 培养室及无菌室空气定期消毒。

3. 挥发性高或毒性大的废液，必须倒入指定容器内，禁止倒入下水道。

4. 实验结束清理冰箱，清理废弃物品，清理废弃实验仪器等。

第一章　生化与分子生物学实验

实验一　糖类——糖类的呈色反应及鉴定

一、实验目的

1. 学习鉴定糖类及区分酮糖和醛糖的方法。
2. 熟悉还原糖的鉴定原理和操作方法。

二、实验原理

1. 莫里希反应（α-萘酚反应）

糖类物质在浓硫酸或浓盐酸的作用下脱水形成糠醛及其衍生物，再与α-萘酚作用形成紫红色复合物，在糖液和浓硫酸的液面间形成紫环，因此又称紫环反应（图 1-1）。自由存在和结合存在的糖均呈阳性反应。此外，各种糠醛衍生物、葡萄糖醛酸以及丙酮、甲酸和乳酸均呈颜色近似的阳性反应。因此，阴性反应证明没有糖类物质的存在；而阳性反应则说明有糖类物质存在的可能性，而是否确定有糖类物质存在，则需要进一步通过其他糖的定性试验才能证明。

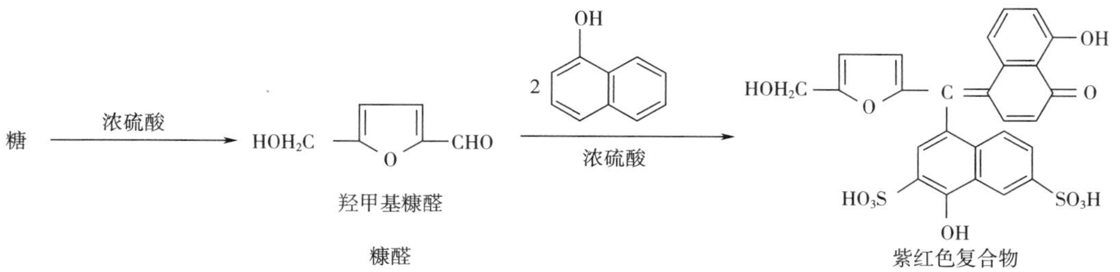

图 1-1　α-萘酚反应原理

2. 蒽酮反应

糖类物质在浓酸的作用下生成糠醛及其衍生物，再与蒽酮（10-酮-9，10-二氢蒽）作用生成蓝绿色复合物。

3. 酮糖的谢里瓦诺夫反应

该反应是鉴定酮糖的特殊反应。酮糖在酸的作用下较醛糖更易生成羟甲基糠醛。后者与间苯二酚作用生成鲜红色复合物，反应仅需 20～30s。醛糖在浓度较高或长时间煮沸时，才产生微弱的阳性反应。

4. 斐林反应

斐林试剂是含有硫酸铜和酒石酸钾钠的氢氧化钠溶液。硫酸铜与碱溶液混合加热，则生成黑色的氧化铜沉淀。若同时有还原糖存在，则产生黄色或砖红色的氧化亚铜沉淀。

为防止铜离子和碱反应生成氢氧化铜或碱性碳酸铜沉淀，斐林试剂中加入酒石酸钾钠，它与 Cu^{2+}形成的酒石酸钾钠络合，铜离子是可溶性的络离子，该反应是可逆的。平衡后溶液内保持一定浓度的氢氧化铜。斐林试剂是一种弱的氧化剂，它不与酮和芳香醛发生反应。

三、实验材料

1. 实验仪器

试管、试管架、滴管、水浴锅等。

2. 实验试剂

（1）莫里希试剂　量取 5g α-萘酚，95%乙醇定容至 100mL 容量瓶中，临用前配制，棕色瓶保存。

（2）蒽酮试剂　称取 0.2g 蒽酮，溶于 100mL 浓硫酸中，当日配制。

（3）谢里瓦诺夫试剂　称取 0.5g 间苯二酚，溶于 1L 盐酸（H_2O：HCl = 2：1，体积比）中，临用前配制。

（4）斐林试剂

①试剂甲：称取 34.5g 硫酸铜，蒸馏水定容至 500mL 容量瓶中。

②试剂乙：称取 125g NaOH，137g 酒石酸钾钠，蒸馏水定容至 500mL 容量瓶中，贮存于具橡皮塞玻璃瓶中。临用前，将试剂甲和试剂乙等量混合。

3. 待测糖溶液

（1）0.01g/mL 葡萄糖溶液　称取 1g 葡萄糖，蒸馏水定容至 100mL 容量瓶中。

（2）0.01g/mL 果糖溶液　称取 1g 果糖，蒸馏水定容至 100mL 容量瓶中。

（3）0.01g/mL 蔗糖溶液　称取 1g 蔗糖，蒸馏水定容至 100mL 容量瓶中。

（4）0.01g/mL 淀粉溶液　称取 1g 可溶性淀粉，蒸馏水定容至 100mL 容量瓶中。

四、实验步骤

1. 莫里希反应

取 5 支洁净试管编号，向各试管中分别加入葡萄糖、果糖、蔗糖、淀粉和蒸馏水 1mL，以蒸馏水作为空白对照。滴加莫里希试剂 2～3 滴，摇匀。倾斜试管，沿管壁小心加入 1mL 浓硫酸，切勿摇动。小心竖直后置于试管架上，仔细观察两层液面交界处的颜色变化。

2. 蒽酮反应

取洁净试管编号，各试管中均加入 1mL 蒽酮溶液，再分别加入待测糖溶液 2～3 滴，充分混匀后置于试管架上，观察各管颜色变化并记录。

3. 酮糖的谢里瓦诺夫反应

取洁净试管编号，各试管中均加入 1mL 谢里瓦诺夫试剂，再依次分别加入各待测糖溶液 4~5 滴，充分混匀后同时放入沸水浴中，观察各管颜色变化过程并记录。

4. 斐林反应

取洁净试管编号，各试管中均加入 1mL 斐林试剂甲和乙。摇匀后，分别加入各待测糖溶液 4~5 滴，放入沸水浴中加热 2~3min，取出冷却，观察各管沉淀和颜色变化并记录。

五、实验结果

实验结果记录如表 1-1 所示。

表 1-1　糖类的呈色反应实验结果记录表

实验	样品				
	葡萄糖	果糖	蔗糖	淀粉	蒸馏水
莫里希反应					
蒽酮反应					
酮糖的谢里瓦诺夫反应					
斐林反应					

六、思考题

1. 总结和比较本实验中四种颜色反应的原理。
2. 如何运用本实验的方法，鉴定食品中的未知糖。

实验二　脂类——胆固醇含量的测定

紫外可见分光光度计

一、实验目的

1. 掌握皂化法提取胆固醇的原理。
2. 掌握胆固醇测定和计算的方法。

二、实验原理

胆固醇又称胆甾醇（结构式见图 1-2）。一种环戊烷多氢菲的衍生物。胆固醇广泛存在于动物体内，尤以脑及神经组织中最为丰富，在肾、脾、皮肤、肝和胆汁中含量也高。其溶解性与脂肪类似，不溶于水，易溶于乙醚、氯仿等溶剂。胆固醇是动物组织细胞所不可缺少的重要物质，它不仅参与形成细胞膜，而且是合成胆汁酸、维生素 D 以及甾体激素的原料。胆固醇经代谢还能转化为胆汁酸、类固醇激素、7-脱氢胆固醇，并且 7-脱氢胆固醇经紫外线照射就会转变为维生素 D_3，所以胆固醇并非是对人体有害的物质。

图 1-2　胆固醇结构式

当固醇类化合物与酸作用时，可脱水并发生聚合反应，产生呈色物质。因此可先对食品样品进行皂化和提取，用硫磷铁试剂作为显色剂，测定食品中胆固醇的含量。

在样品的冰乙酸提取液中加入磷硫铁试剂，胆固醇与试剂反应产生紫红色化合物，颜色的深浅与胆固醇的量成正比，可用分光光度计在波长 560nm 处测定。

三、实验材料

1. 实验仪器

具塞比色管、容量瓶、试管、分光光度计、水浴锅等。

2. 实验试剂

石油醚（沸点 30~60℃）：分析纯。

无水乙醇：分析纯。

冰乙酸：分析纯。

0. 5g/mL 氢氧化钾溶液：称取 50g 氢氧化钾，蒸馏水定容至 100mL 容量瓶中。

0. 25g/mL 氯化钠溶液：称取 25g 氯化钠，蒸馏水定容至 100mL 容量瓶中。

0.1g/mL 三氯化铁溶液：称取 10g $FeCl_3 \cdot 6H_2O$ 溶于浓磷酸中，定容至 100mL 容量瓶中，储于棕色瓶中，冷藏保存。

磷硫铁试剂：量取 0.1g/mL 三氯化铁溶液 1.5mL 于 100mL 棕色容量瓶内，加浓硫酸定容至刻度。

1mg/mL 胆固醇标准储液：准确称取胆固醇 100mg，溶于冰乙酸中，定容至 100mL。

0.1mg/mL 胆固醇标准溶液：临用前将 1mg/mL 胆固醇标准储液用冰乙酸稀释 10 倍。

四、实验步骤

1. 样品胆固醇提取

将鸡蛋去壳后充分混匀，准确称取混匀样品约 0.20g 于 25mL 具塞比色管中，加入 0.5g/mL 氢氧化钾溶液 0.5mL 和无水乙醇 4.5mL，振荡混匀，于 80℃ 恒温水浴中皂化 20min。皂化时每隔 5min 振摇比色管一次，使皂化完全。皂化完毕后取出比色管，冷却。加入 0.25g/mL 氯化钠溶液 3mL，再加入石油醚 10mL，盖紧玻璃塞，充分振摇 1min，静置待比色管内液体分层。

取上层石油醚液 1mL，置于另一支 25mL 具塞比色管内，在 65℃ 水浴中使石油醚自然挥发，加入冰乙酸 4mL，轻摇使胆固醇溶解，待测。

2. 样品和标准胆固醇含量测定

另取两支 25mL 具塞比色管，一支加入冰乙酸 4mL（空白管），另一支加入 0.1mg/mL 胆固醇标准溶液 1mL 和冰乙酸 3mL（标准管）。向包括样品管的各管中分别加入磷硫铁试剂 2mL，充分混匀，25℃ 放置 20min 后在 560nm 波长下进行比色。以空白管调零，测得吸光度。

3. 计算

$$\text{鸡蛋胆固醇含量（mg/100g）} = \frac{A_{\text{样}}}{A_{\text{标}}} \times \frac{100}{M_{\text{样}}} \tag{1-1}$$

式中　$A_{\text{样}}$——测得样品管吸光度

$A_{\text{标}}$——测得标准管吸光度

$M_{\text{样}}$——称取样品质量，g

4. 注意事项

浓硫酸、强碱溶液具有腐蚀性，小心操作。

五、思考题

1. 举例说明胆固醇测定的其他方法。
2. 实验中样品皂化的作用是什么？

实验三　脂类——卵磷脂的提取、纯化与鉴定

一、实验目的

1. 掌握提取卵磷脂的原理与方法。
2. 掌握卵磷脂鉴定的原理与方法。

二、实验原理

卵磷脂是生物体组织细胞的重要成分，主要存在于大豆等植物组织以及动物的肝、脑、脾、心、卵等组织中，尤其在蛋黄中含量较多（10%左右）。卵磷脂和脑磷脂均溶于乙醚而不溶于丙酮，利用此性质可将其与中性脂肪分离；卵磷脂能溶于乙醇而脑磷脂不溶，利用此性质又可将卵磷脂和脑磷脂分离。

卵磷脂为白色，当与空气接触后，其所含不饱和脂肪酸会被氧化而使卵磷脂呈黄褐色。卵磷脂被碱水解后可分解为脂肪酸盐、甘油、胆碱和磷酸盐。甘油与硫酸氢钾共热，可生成具有特殊臭味的丙烯醛；胆碱在碱的进一步作用下生成无色且具有氨和鱼腥气味的三甲胺；磷酸盐在酸性条件下与钼酸铵作用，生成黄色的磷钼酸沉淀。这样通过对分解产物的检验可以对卵磷脂进行鉴定。

三、实验材料

1. 实验仪器

蛋清分离器、恒温水浴锅、蒸发皿、漏斗、铁架台、磁力搅拌器、天平、量筒、干燥试管、玻棒、烧杯、滤纸等。

2. 实验试剂

95%乙醇：分析纯。

无水乙醇：分析纯。

乙醚：分析纯。

丙酮：分析纯。

0.1g/mL $ZnCl_2$ 水溶液：称取 10g 氯化锌，蒸馏水定容至 100mL 容量瓶中。

0.1g/mL 氢氧化钠溶液：称取 10g 氢氧化钠，蒸馏水定容至 100mL 容量瓶中。

3%溴的四氯化碳溶液：量取 3mL 溴，四氯化碳定容至 100mL 容量瓶中。

硫酸氢钾：分析纯。

钼酸铵溶液：将 6g 钼酸铵溶于 15mL 蒸馏水中，加入 5mL 浓氨水，另外将 24mL 浓硝酸溶于 46mL 的蒸馏水中，两者混合静置 1d 后再用。

四、实验步骤

1. 样品卵磷脂提取

使用蛋清分离器将鸡蛋蛋黄与蛋清分离，称取10g蛋黄于小烧杯中，加入温热的95%乙醇30mL。边加边搅拌，使溶液混合均匀，冷却后过滤。如滤液仍然浑浊，可重复上述步骤至滤液澄清。将滤液置于蒸发皿内，水浴锅中蒸干（或用加热套蒸干，温度可设140℃左右），所得干物即为卵磷脂。

2. 卵磷脂的纯化

称取2g上述卵磷脂粗品与小烧杯中，加入无水乙醇20mL，玻璃棒搅拌溶解，得到约10%的乙醇粗提液。加入0.1g/mL $ZnCl_2$ 水溶液2mL，室温下搅拌0.5h，过滤。收集沉淀物，加入事先冷却于4℃冰箱的冰丙酮50mL，搅拌1h，过滤。收集沉淀物，再用丙酮反复冲洗，直到丙酮洗液接近无色为止，得到白色蜡状的精卵磷脂。40℃真空干燥，称量。

3. 卵磷脂的溶解性

取干燥试管，药勺刮取粗提卵磷脂少许，再加入乙醚1mL，用玻棒搅拌使卵磷脂溶解，逐滴加入丙酮2~4mL，观察实验现象，记录。

4. 卵磷脂的鉴定

（1）三甲胺的检验　取一支干燥试管，药勺刮取粗提卵磷脂少许，再加入0.1g/mL氢氧化钠溶液3~5mL，于水浴中加热15min，在试管口放一片蒸馏水浸湿的红色石蕊试纸，观察颜色有无变化，并嗅其气味，记录。

将上述加热过的溶液过滤，备用。

（2）不饱和性检验　取一支干燥试管，加入上述滤液10滴，再加入含3%溴的四氯化碳溶液1~2滴，振摇试管使溶液混合均匀，观察有何现象产生，记录。

（3）磷酸的检验　取一支干燥试管，加入上述滤液10滴，再加入95%乙醇溶液5~10滴，然后再加入钼酸铵试剂5~10滴，观察现象，记录；最后将试管置于热水浴中加热5~10min，观察有何变化，记录。

（4）甘油的检验　取一支干燥试管，药勺刮取粗提卵磷脂少许，再加入硫酸氢钾0.2g，用试管夹夹住并先在小火上缓慢加热，使卵磷脂和硫酸氢钾混熔，然后再集中加热，待有水蒸气放出时，嗅其气味，记录。

五、思考题

1. 解释观察到的实验现象原因。
2. 本实验有哪些步骤可以改进？

实验四　蛋白质——酪蛋白的提取

一、实验目的

1. 学习从乳制品中制备酪蛋白的原理和方法。
2. 掌握等电点沉淀法提取蛋白质的原理和方法。

二、实验原理

酪蛋白是乳中含量最高的蛋白质，具有预防龋齿，防治骨质疏松与佝偻病，促进动物体外受精，调节血压，治疗缺铁性贫血、缺镁性神经炎等多种生理功效，尤其是其促进常量元素（Ca、Mg）与微量元素（Fe、Zn、Cu、Cr、Ni、Co、Mn、Se）高效吸收的功能特性使其具有“矿物质载体”的美誉，它可以和金属离子，特别是钙离子结合形成可溶性复合物，一方面有效避免了钙在小肠中性或微碱性环境中形成沉淀，另一方面还可在没有维生素D参与的条件下使钙被肠壁细胞吸收。

牛乳中的主要的蛋白质是酪蛋白，含量约为35g/L。酪蛋白是一些含磷蛋白质的混合物，等电点为4.7。利用等电点时溶解度最低的原理，将牛乳的pH调至4.7，酪蛋白就沉淀出来。用乙醇洗涤沉淀物，除去脂类杂质后便可得到纯酪蛋白。

三、实验材料

1. 实验仪器

离心机、抽滤装置、精密pH试纸、电炉、烧杯、温度计、玻棒、漏斗、滤纸、滴管等。

2. 实验试剂

95%乙醇：分析纯。

无水乙醚：分析纯。

0.01g/mL氢氧化钠溶液：称取1g氢氧化钠，蒸馏水定容至100mL容量瓶中。

0.2mol/L pH 4.7醋酸-醋酸钠缓冲液：取A液1770mL，B液1230mL混合即可得pH 4.7的醋酸-醋酸钠缓冲液3000mL。其中，

A液：0.2mol/L醋酸钠溶液，称取$CH_3COONa \cdot 3H_2O$ 54.44g，蒸馏水定容至2000mL容量瓶中。

B液：0.2mol/L醋酸溶液，称取优级纯醋酸（含量大于99.8%）24.0g，蒸馏水定容至2000mL容量瓶中。

乙醇-乙醚混合液：乙醇：乙醚=1：1（体积比）。

四、实验步骤

1. 酪蛋白的粗提

量取 100mL 牛奶，加热至 40℃。在搅拌下缓慢加入预热至 40℃、pH 4.7 的醋酸-醋酸钠缓冲液 100mL。用精密 pH 试纸或酸度计调 pH 至 4.7（用 0.01g/mL 氢氧化钠溶液调整）。将上述悬浮液冷却至室温。置于离心机中 3000r/min，离心 15min。弃去上清液，得酪蛋白粗制品。

2. 酪蛋白的纯化

（1）用蒸馏水洗涤沉淀 3 次，每次于离心机中 3000r/min，离心 10min，弃去上清液。

（2）在沉淀中加入 95%乙醇 30mL，搅拌片刻，将全部悬浊液转移至布氏漏斗中抽滤。用乙醇-乙醚混合液洗涤沉淀 2 次。最后用乙醚洗沉淀 2 次，抽干。

（3）将所有沉淀摊开在表面皿上，使乙醚完全挥发，得到酪蛋白纯品，称量。

3. 计算

$$100\text{mL 牛奶中酪蛋白得率（\%）} = \frac{\text{测得含量}}{\text{理论含量}} \times 100\% \qquad (1-2)$$

式中　理论含量——3.5g/100mL 牛乳

4. 注意事项

（1）离心管中装入样品后必须严格配平，否则对离心机损坏严重。

（2）离心管装入样品后必须盖严，并擦干表面的水分和污物后方可放入离心机。

（3）离心机用完后应拔下电源，然后检查离心腔中有无水迹和污物，擦除干净后才能盖上盖子放好保存，以免生锈和损坏。

五、思考题

1. 为什么调整溶液的 pH 可以将酪蛋白沉淀出来？
2. 制备高产率纯酪蛋白的关键是什么？

实验五　蛋白质——聚丙烯酰胺凝胶电泳测定蛋白质相对分子质量

一、实验目的

1. 掌握 SDS-聚丙烯酰胺凝胶电泳法的原理。
2. 掌握用该方法测定蛋白质的相对分子质量。

二、实验原理

聚丙烯酰胺凝胶电泳具有较高分辨率，用它分离、检测蛋白质混合样品，主要是根据各蛋白质组分的分子大小和形状以及所带净电荷多少等因素所造成的电泳迁移率的差别。1967 年，Shapiro 等发现，在聚丙烯酰胺凝胶中加入十二烷基硫酸钠（Sodium Dodecyl Sulfate，SDS）后，与 SDS 结合的蛋白质带有一致的负电荷，电泳时，其迁移速率主要取决于它的相对分子质量，而与所带电荷和形状无关。

SDS 是一种阴离子型去污剂，在蛋白质溶解液中加入 SDS 和巯基乙醇后，巯基乙醇可使蛋白质分子中的二硫键还原；SDS 能使蛋白质的非共价键（氢键、疏水键）打开，并结合到蛋白质分子上（在一定条件下，大多数蛋白质与 SDS 的结合比为 1.4g SDS/g 蛋白质），形成蛋白质-SDS 复合物。由于 SDS 带有大量负电荷，当它与蛋白质结合时，所带的负电荷的量大大超过了蛋白质分子原有的电荷量，因而掩盖了不同种类蛋白质间原有的电荷差异。

SDS 与蛋白质结合后，还引起了蛋白质构象的改变。蛋白质-SDS 复合物的流体力学和光学性质表明，它们在水溶液中的形状，近似于雪茄烟形的长椭圆棒。不同蛋白质的 SDS 复合物的短轴长度都一样，而长轴则随蛋白质相对分子质量的大小成正比变化。这样的蛋白质-SDS 复合物在凝胶中的迁移率，不再受蛋白质原有电荷和形状的影响，而只是椭圆棒的长度，也就是蛋白质相对分子质量的函数。

SDS-PAGE 缓冲系统有连续系统和不连续系统。不连续 SDS-PAGE 缓冲系统有较好的浓缩效应，近年趋向用不连续 SDS-PAGE 缓冲系统。按所制成的凝胶形状又有垂直板型电泳和垂直柱型电泳。本实验采用 SDS-不连续系统垂直板型凝胶电泳测定蛋白质的相对分子质量。

三、实验材料

1. 实验仪器

垂直板型电泳槽、直流稳压电源（电压 300~600V，电流 50~100mA）、50μL 或 100μL 的微量注射器等。

2. 实验试剂

标准蛋白质纯品：根据待测蛋白质的相对分子质量大小，选择 4~6 种已知相对分子质量的蛋白质纯品作为标准蛋白质。本实验采用的标准蛋白质如表 1-2 所示。

表 1-2　5 种标准蛋白质的相对分子质量

标准蛋白质	相对分子质量
鸡蛋清溶菌酶	14400
胰蛋白酶抑制剂	21100
牛碳酸酐酶	31000
卵清蛋白	43000
牛血清蛋白	67000
兔磷酸化酶 B	97000

1% TEMED 溶液：量取 1mL TEMED，蒸馏水定容至 100mL 容量瓶中，置于棕色瓶中，在 4℃ 冰箱中保存。

0.1g/mL 过硫酸铵溶液：称取过硫酸铵 1g，溶解于 10mL 蒸馏水中。最好现配现用。

0.05mol/L pH 8.0 的 Tris-HCl 缓冲溶液：称取 Tris 0.61g，加入 50mL 蒸馏水使之溶解，再加入 1mol/L HCl 溶液 3mL，混匀后使 pH 计上调 pH 至 8.0，蒸馏水定容至 100mL 容量瓶中。

蛋白质样品溶解液：SDS 100mg，巯基乙醇 0.1mL，甘油 1.0mL，溴酚蓝 2mg，Tris-HCl 缓冲溶液 2mL，蒸馏水定容至 10mL 容量瓶中。

分离胶缓冲溶液：Tris 36.3g，加入 1mol/L HCl 溶液 48.0mL，蒸馏水定容至 100mL 容量瓶中。

浓缩胶缓冲溶液：Tris 5.98g，加 1mol/L HCl 溶液 48.0mL，蒸馏水定容至 100mL 容量瓶中。

凝胶贮液：分别称取丙烯酰胺 30.0g 和甲叉丙烯酰胺 0.8g，蒸馏水定容至 100mL 容量瓶中。

电极缓冲溶液：分别称取 SDS 1g，Tris 6g，甘氨酸 28.8g，蒸馏水定容至 1000mL 容量瓶中。

固定液：量取 50% 甲醇 454mL，冰醋酸 46mL，混匀。

染色液：称取 1.25g 考马斯亮蓝 R-250，加 454mL 50% 甲醇溶液和 46mL 冰醋酸，混匀。

脱色液：量取冰醋酸 75mL，甲醇 50mL，蒸馏水定容至 1000mL 容量瓶中。

四、实验步骤

1. 安装垂直板型电泳装置

垂直板型电泳装置（图 1-3）的两侧为有机玻璃制成的电极槽，两个电极槽中间夹有一个凝胶模子（图 1-4）。凝胶模子由 3 部分组成：一个 U 形的硅胶框、两块长短不等的玻璃片、样品槽模板（俗称“梳子”）。电极槽由上贮槽（白金电极在上或面对短玻璃片）、下贮槽（白金电极在下或面对长玻璃片）和冷凝系统组成。凝胶模子的硅胶框内侧有两条凹槽，可将两块相应大小的玻璃片嵌入槽内。玻璃片之间形成一个 2~3mm 厚的间隙，将来制胶时，将胶灌入其中。灌胶前，先将玻璃片洗净、晾干、嵌入胶带凹槽中。长玻璃片下沿与胶带框底之间保持有一缝隙，以使此端的凝胶与一侧的电极槽相通；而短玻璃片的下沿则插入橡胶框的底槽内。将已插好玻璃片的凝胶模子置于仰放的上贮槽上，短玻璃片应面对上贮槽，再合上下贮槽，用 4 条长螺丝将两个半槽固定在一起。上螺丝时，要按一定顺序逐个拧紧，均匀用力。将装好的电泳装置垂直放置，在长玻璃片下端与硅胶框交界的缝隙内加入用电极缓冲溶液配制的 1%琼脂糖溶液，待其凝固后，即堵住凝胶模板下面的窄缝（通电时又可作为盐桥）。

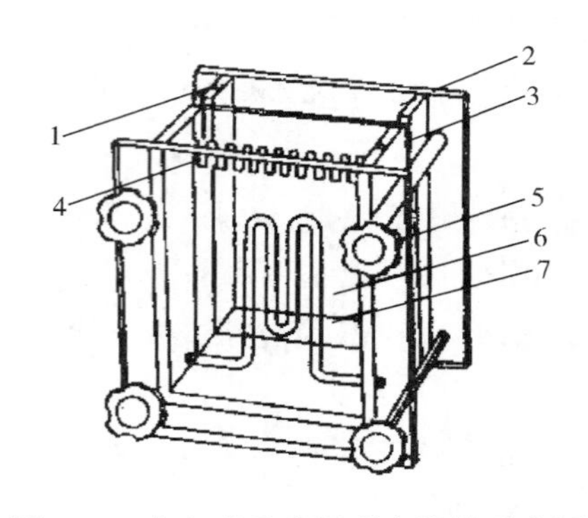

图 1-3　夹心式重直板型电泳槽示意图

1—导线接头　2—下贮槽　3—U 形橡胶框　4—样品槽模板　5—固定螺丝　6—上贮槽　7—冷凝系统

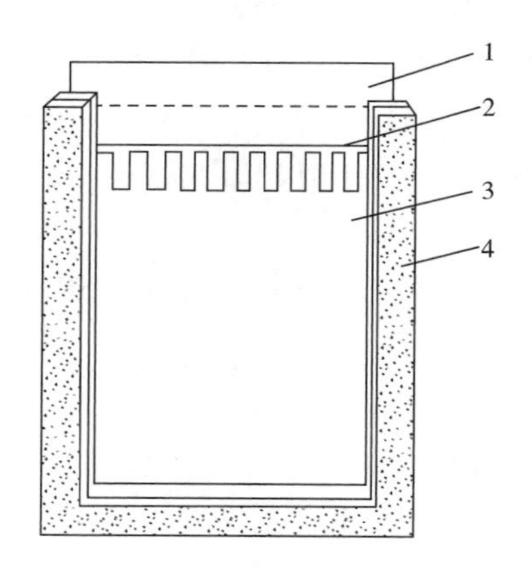

图 1-4　凝胶模子示意图

1—样品槽模板　2—长玻璃片　3—短玻璃片　4—U 形硅胶框

2. 凝胶的制备

根据所测蛋白质的相对分子质量范围，选择某一合适的分离胶浓度。按表 1-3 所列的试剂用量配制。

表 1-3　SDS-不连续系统不同浓度凝胶配制用量表

贮液	配制 30mL 不同浓度的分离胶溶液所需试剂用量/mL					配制 10mL 3%浓缩胶/mL
	7%	10%	12%	15%	20%	
凝胶贮液	7.5	10	12	15	20	—
分离胶缓冲溶液	7.5	7.5	7.5	7.5	7.5	—
凝胶贮液	—	—	—	—	—	1
浓缩胶缓冲溶液	—	—	—	—	—	1.25
10% SDS 溶液	0.3	0.3	0.3	0.3	0.3	0.1
1% TEMED 溶液	2	2	2	2	2	2
蒸馏水	13	10	8	5	—	5.55
以上溶液混合后抽气 10min						
0.1g/mL 过硫酸铵溶液	0.2	0.2	0.2	0.2	0.2	0.1

将所配制的凝胶溶液沿着凝胶的长玻璃片的内面用细长头的滴管加至长、短玻璃片的窄缝内，加胶高度距样品槽模板下缘约 1cm。用滴管沿玻璃片内壁加一层蒸馏水（用于隔绝空气，使胶面平整）。30~60min 凝胶完全聚合，用滴管吸去分离胶胶面的水封层，并用无毛边的滤纸条吸去残留的水液。

按表 1-3 配制浓缩胶，混匀后用细长头的滴管将凝胶溶液加到已聚合的分离胶上方，直至距短玻璃片上缘 0.5cm 处，轻轻将“梳子”插入浓缩胶内（插入“梳子”的目的是使胶液聚合后，在凝胶顶部形成数个相互隔开的凹槽）。约 30min 后凝胶聚合，再放置 30min。小心拔去“梳子”，用窄条滤纸吸去样品凹槽内多余的水分。

3. 蛋白质样品的处理

称标准蛋白质样品各 1mg 左右，分别转移至带塞的小试管中，按 1.0~1.5g/L 溶液比例，向样品加入“样品溶解液”，溶解后轻轻盖上盖子（不要盖紧，以免加热时迸出），在 100℃ 沸水浴中保温 2~3min，取出冷至室温。如处理好的样品暂时不用，可放在-20℃ 冰箱保存较长时间。使用前在 100℃ 水中加热 3min，以除去可能出现的亚稳态聚合物。

固体样品的处理与标准蛋白质相同。如待测样品已在溶液中，可先配制“浓样品溶解液”（各种溶质的浓度均比“样品溶解液”高 1 倍），将待测液与“浓样品溶解液”等体积混匀，然后同上加热。如待测液太稀可事先浓缩，若含盐量太高则需先透析。

4. 加样

将 pH 8.3 的电极缓冲溶液倒入上、下贮槽中，应没过短玻璃片。用微量注射器依次在各个样品凹槽内加样，一般加样体积为 10~15μL。如样品较稀，可加 20~30μL。由于样品溶解液中含有相对密度较大的甘油，故样品溶液会自动沉降在凝胶表面形成样品层。

5. 电泳

将上槽接负极，下槽接正极，打开电源，开始时将电流控制在 15~20mA，待样品进入分离胶后，改为 30~50mA。待蓝色染料迁移至下端 1~1.5cm 时，停止电泳，需 5~6h。

6. 固定

取下凝胶模子，将凝胶片取出，滑入一白瓷盘或大培养皿内，在染料区带的中心插入细铜丝作为标志。加入固定液（应没过凝胶片），固定 2h 或过夜。

7. 染色

倾出固定液，加入染色液，染色过夜。

8. 脱色

染色完毕，倾出染色液，加入脱色液。数小时换一次脱色液，直至背景清晰，约需一昼夜。

9. 相对迁移率的计算

通常以相对迁移率（mR）来表示迁移率。相对迁移率的计算方法如下：

用直尺分别量出样品区带中心及铜丝与凝胶顶端的距离（图 1-5），按式（1-3）计算。

$$相对迁移率（mR）= 样品迁移距离（cm）/染料迁移距离（cm） \quad (1-3)$$

以标准蛋白质相对分子质量的对数对相对迁移率作图，得到标准曲线。根据待测样品的相对迁移率，从标准曲线上查出其相对分子质量。

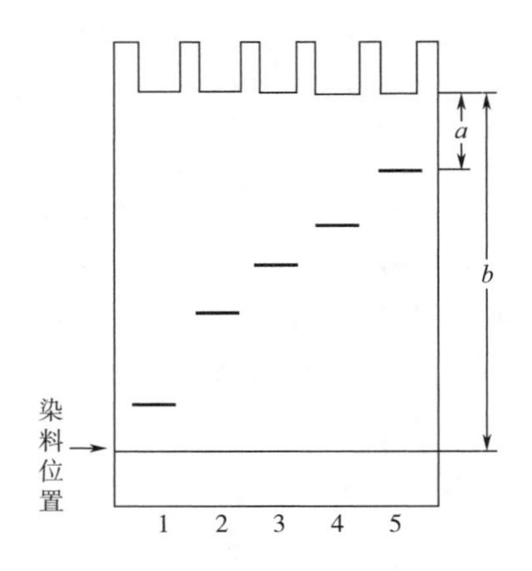

图 1-5 标准蛋白质在 SDS-凝胶上的分离示意图

a—样品迁移距离 b—染料迁移距离

1—细胞色素 c 2—胰凝乳蛋白酶原 A 3—胃蛋白酶 4—卵清蛋白 5—牛血清蛋白

10. 注意事项

（1）采用 SDS-聚丙烯酰胺凝胶电泳法测蛋白质分子质量时，只有完全打开二硫键，蛋白质分子才能被解聚，SDS 才能定量地结合到亚基上而给出相对迁移率和分子质量对数的线性关系。因此在用 SDS 处理样品同时往往用巯基乙醇处理，巯基乙醇是一种强还原剂，它使被还原的二硫键不易再氧化，从而使很多不溶性蛋白质溶解而与 SDS 定量结合。

（2）有许多蛋白质是由亚基（如血红蛋白）或两条以上肽链（如胰凝乳蛋白酶）组成的，它们在 SDS 和巯基乙醇作用下，解离成亚基或单条肽链，因此这一类蛋白质，测定时只是它们的亚基或单条肽链的分子质量。

（3）已发现有些蛋白质不能用 SDS-PAGE 测定分子质量。如电荷异常或构象异常的蛋白质，带有较大辅基的蛋白质（某些糖蛋白）以及一些结构蛋白，如胶原蛋白等。

五、思考题

1. 该方法是否能用于所有的蛋白质相对分子质量的测定？为什么？
2. 本实验测得的分子质量存在误差，根据你的实验分析造成误差产生的原因。

实验六　氨基酸——氨基酸的纸层析

一、实验目的

1. 学习纸层析法的基本原理及操作方法。
2. 掌握氨基酸纸层析法的操作技术（点样、平衡、展开、显色、鉴定）。

二、实验原理

纸层析是以滤纸为惰性支持物的分配层析。滤纸纤维上的羟基具有亲水性，吸附一层水作为固定相，有机溶剂为流动相。当有机相流经固定相时，物质在两相间不断分配而得到分离。

溶质在滤纸上的移动速度用比移值 R_f 值［式（1-4），图 1-6］表示。

$$R_f=\frac{\text{原点到层析斑点中心的距离 }X}{\text{原点到溶剂前沿的距离 }Y} \tag{1-4}$$

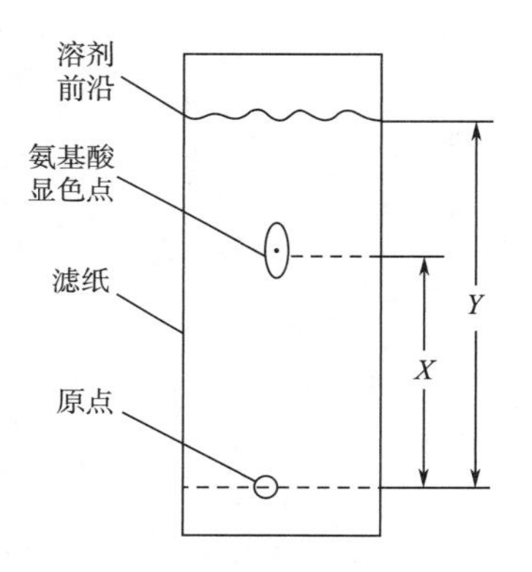

图 1-6　滤纸层析中 R_f 值

在一定的条件下某种物质的 R_f 值是常数。R_f 值的大小与物质的结构、性质、溶剂系统、层析滤纸的质量和层析温度等因素有关。本实验利用纸层析法分离氨基酸。

三、实验材料

1. 实验仪器

新华滤纸；培养皿；电热鼓风干燥箱；吹风机；毛细管；针、线、尺；铅笔；钟罩（高约 430mm，直径约 290mm，具磨口塞）等。

2. 实验试剂

酸向展开剂：正丁醇：88%甲酸：水 = 15：3：2（体积比），量取正丁醇 150mL，88%甲酸 30mL，蒸馏水 20mL，置于分液漏斗中充分振荡。此液须新鲜配制。

12%氨水：量取浓氨水 60mL，加入蒸馏水 70mL 稀释。

碱向展开剂：正丁醇：12%氨水 = 13：3（体积比），量取正丁醇 130mL，12%氨水 30mL，置于分液漏斗中充分振荡。

0.002g/mL 茚三酮显色液：称取茚三酮 0.2g，丙酮定容至 100mL 容量瓶中。

10%异丙醇溶液：量取 100mL 异丙醇，蒸馏水定容至 1000mL 容量瓶中。

0.005g/mL 标准氨基酸溶液：称取谷氨酸、苯丙氨和赖氨酸各 0.5g，分别置于 100mL 容量瓶中，10%异丙醇溶液溶解，定容至刻度。

三种氨基酸混合液：分别吸取配制好的标准氨基酸溶液各 1mL 于烧杯中，混匀备用。

四、实验步骤

1. 层析滤纸的准备

取两张 19cm×23cm 的新华滤纸，用铅笔在距左边和底边各 2cm 处画出平行于两边的直线，交点即为原点。

2. 点样

将 10μL 样品液点于一张层析滤纸的原点上，用玻璃毛细管分多次点完。点一次后，用吹风机吹干，再点第二次，直至样品点完。点的直径应小于 0.5cm。另一张滤纸的原点上，按上法，点上各种标准氨基酸溶液，用作标准氨基酸图谱。

3. 展开

将点样后的两张层析滤纸在相同的操作条件下用上行法进行双向展开（装置示意图见图 1-7）。

第一向（酸向）展开：以滤纸 10cm 长的一边为高，用线缝成圆筒形（注意纸的边缘不要互相接触），放在盛有酸向展开剂的层析缸内饱和 1h。然后将点样端放入展开剂中，待溶剂前沿上升至离滤纸顶端 1cm 左右时用镊子取出，吹风机吹干至无正丁醇气味为止。

第二向（碱向）展开：将滤纸旋转 90°，以 14cm 长的一边为高，用线缝成圆筒形（注意纸的边缘不要互相接触），放入盛有碱向展开剂的层析缸中，饱和 1h，然后将滤纸放入展开剂中展开。待溶剂前沿到达离滤纸顶端 1cm 左右时用镊子取出，吹风机吹干。然后以同样条件，再在碱向展开剂中展开一次，取出吹干。

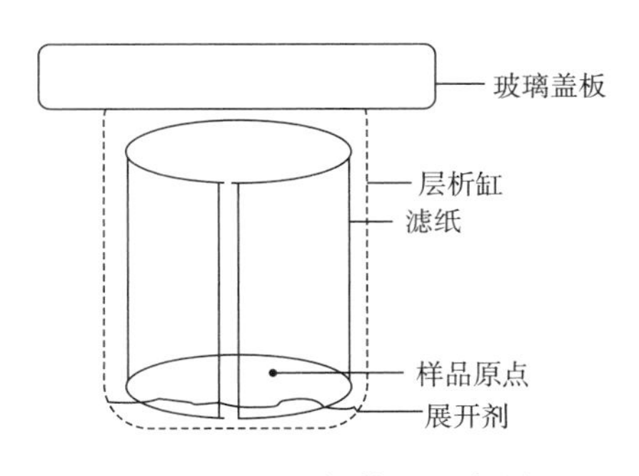

图 1-7　纸层析装置示意图

4. 显色

展开结束后，将 0.002g/mL 茚三酮丙酮溶液装于喷壶中，向滤纸喷雾，滤纸湿润后置于电热鼓风干燥箱中 65℃烘干显色。

用样品的层析图谱与标准氨基酸的层析图谱相比较，根据 R_f 值的大小，确定样品中氨基酸的种类。

5. 注意事项

（1）点样过程中必须在第一滴样品干后再点第二滴。

（2）为使样品加速干燥，可用吹风机吹干，但要注意温度不可过高，以免氨基酸结构被破坏，影响结果。

（3）将卷成圆筒状的滤纸放入培养皿内时，注意滤纸不要接触皿壁。

（4）使用的溶剂需新鲜配制，并要摇匀。

（5）点样要合适，样品点的太浓，斑点易扩散或拉长，以致分离不清。

（6）使用茚三酮显色法，必须在整个层析操作中避免手直接接触层析纸。因为手上常常有少量含氮物质，显色时也呈现紫色斑点，污染了层析结果，因此操作时应戴橡皮手套或指套。同时也要防止空气中的氨。

（7）展开时切勿将样品点浸入溶剂中。

五、思考题

1. 层析纸上的样品斑点浸在展开剂中是否可以？为什么？
2. 悬挂层析纸为什么不能接触层析缸壁？

实验七　氨基酸——氨基酸自动分析仪的使用

饲料中氨基酸的测定

一、实验目的

1. 学习氨基酸测定的基本原理。

2. 了解氨基酸自动分析仪的使用方法。

二、实验原理

食品中的蛋白质经盐酸水解成为游离氨基酸，经离子交换柱分离后，与茚三酮溶液产生颜色反应，再通过可见光分光度检测器测定氨基酸含量。

三、实验材料

1. 实验原料

烘干粉碎过筛的待测酒糟样品 100g。

2. 仪器设备

实验室用组织粉碎机或研磨机、匀浆机、分析天平（感量分别为 0.0001g 和 0.00001g）、水解管（耐压安瓿瓶，体积为 20mL）、真空泵、酒精喷灯、电热鼓风恒温箱或水解炉、试管浓缩仪或平行蒸发仪（附带配套 15~25mL 试管）、氨基酸分析仪（茚三酮柱后衍生离子交换色谱仪）。

3. 试剂耗材

浓盐酸（浓度≥36%，优级纯）、苯酚、氮气（纯度 99.9%）、柠檬酸钠（优级纯）、氢氧化钠（优级纯）、混合氨基酸标准溶液（具有标准物质证书）、不同 pH 和离子强度的洗脱用缓冲溶液（参照仪器说明书配制或购买）、茚三酮溶液（参照仪器说明书配制或购买）。

四、实验步骤

1. 试剂配制

盐酸溶液（6mol/L）：取 500mL 盐酸加水稀释至 1000mL，混匀。

冷冻剂：市售食盐与冰块按质量 1∶3 混合。

氢氧化钠溶液（500g/L）：称取 50g 氢氧化钠，溶于 50mL 水中，冷却至室温后，用水稀释至 100mL，混匀。

柠檬酸钠缓冲溶液［c（Nat）= 0.2mol/L］：称取 19.6g 柠檬酸钠加入 500mL 水溶解，加入 16.5mL 盐酸，用水稀释至 1000mL，混匀，用 6mol/L 盐酸溶液或 500g/L 氢氧化钠溶液调节 pH 至 2.2。

混合氨基酸标准储备液（1μmol/mL）：分别准确称取单个氨基酸标准品（精确至 0.00001g）于同一 50mL 烧杯中，用 8.3mL 6mol/L 盐酸溶液溶解，精确转移至 250mL 容量瓶中，用水稀释定容至刻度，混匀（各氨基酸标准品的称量质量参考值及摩尔质量见表 1-4）。

表 1-4　配制混合氨基酸标准储备液时氨基酸标准品的称量质量参考值及摩尔质量

氨基酸标准品名称	称量质量参考值/mg	摩尔质量/(g/mol)	氨基酸标准品名称	称量质量参考值/mg	摩尔质量/(g/mol)
L-天门氨酸	33	133.1	L-甲硫氨酸	37	149.2
L-苏氨酸	30	119.1	L-异亮氨酸	33	131.2
L-丝氨酸	26	105.1	L-亮氨酸	33	131.2
L-谷氨酸	37	147.1	L-酪氨酸	45	181.2
L-脯氨酸	29	115.1	L-苯丙氨酸	41	165.2
甘氨酸	19	75.07	L-组氨酸盐酸盐	52	209.7
L-丙氨酸	22	89.06	L-赖氨酸盐酸盐	46	182.7
L-缬氨酸	29	117.2	L-精氨酸盐酸盐	53	210.7

混合氨基酸标准工作液（100nmol/mL）：准确吸取混合氨基酸标准储备液 1.0mL 于 10mL 容量瓶中，加 pH 2.2 柠檬酸钠缓冲溶液定容至刻度，混匀，为标准上机液。

氨基酸测定样品预处理过程如图 1-8 所示。

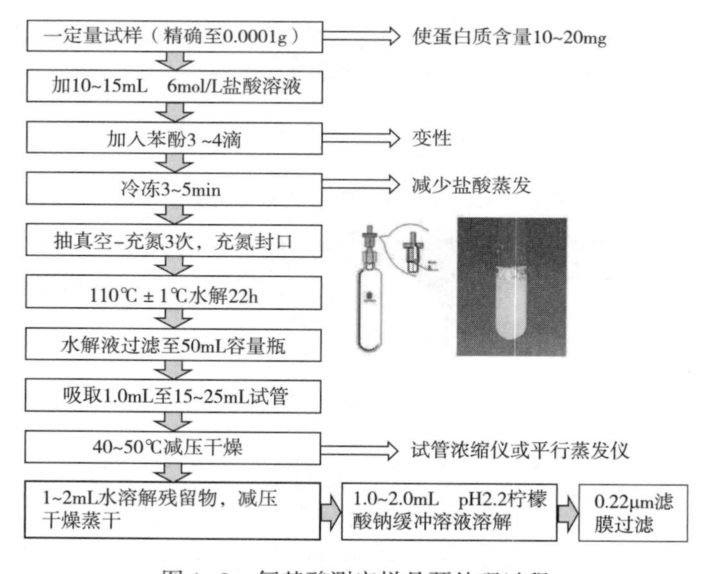

图 1-8　氨基酸测定样品预处理过程

2. 试样制备

酒糟烘干至恒重，粉碎过 40 目筛，再采用四分法取样，称量（精确至 0.0001g）使试样中蛋白质含量在 10~20mg 范围内。在水解管内加 10~15mL 6mol/L 盐酸溶液苯酚 3~4 滴。将水解管放入冷冻剂中，冷冻 3~5min，接真空泵抽真空，然后充入氮气，重复抽真空-充入氮气 3 次后，在充氮状态下封口或拧紧螺丝盖。

将已封口的水解管放在110℃±1℃的电热鼓风恒温箱内水解22h后，取出，冷却至室温。打开水解管，将水解液过滤至50mL容量瓶内，用少量水多次冲洗水解管，水洗液移入同一50mL容量瓶内，最后用水定容至刻度，振荡混匀。

3. 样品测定

准确吸取1.0mL滤液移入15mL或25mL试管内，用试管浓缩仪或平行蒸发仪在40~50℃加热环境下减压干燥，干燥后残留物用1~2mL水溶解，再减压干燥，最后蒸干。用1.0~2.0mL pH2.2柠檬酸钠缓冲溶液加入干燥后试管内溶解，振荡混匀后，吸取溶液通过0.22μm滤膜后，转移至仪器进样瓶，采用磺酸型阳离子树脂色谱柱，分别在波长570nm和440nm下测定。混合氨基酸标准工作液和样品测定液分别以相同体积注入氨基酸分析仪，以外标法通过峰面积计算样品测定液中氨基酸的浓度。

4. 结果计算

样品测定液氨基酸的含量按式（1-5）计算：

$$C_i = \frac{C_s}{A_s}A_i \tag{1-5}$$

式中　C_i——样品测定液氨基酸i的含量，nmol/mL

A_i——试样测定液氨基酸i的峰面积

A_s——氨基酸标准工作液氨基酸s的峰面积

C_s——氨基酸标准工作液氨基酸s的含量，nmol/mL

试样中氨基酸的含量根据稀释梯度计算。

五、思考题

氨基酸测定结果反映了样品何种特性？

实验八 核酸——酵母 RNA 的分离及组分鉴定

一、实验目的

1. 了解酵母 RNA 提取原理。
2. 掌握 RNA 组分鉴定的方法。

二、实验原理

酵母细胞中所含的核酸主要是 RNA，而 DNA 含量很少，故本实验采用酵母提取 RNA。由于酵母细胞中所含的核蛋白不溶于水和稀酸，但能溶于稀碱，所以先用稀碱加热煮沸处理，使 RNA 成为可溶性的钠盐而与酵母中其他的成分分离。然后加乙醇沉淀溶液中的 RNA，最后加酸将其完全水解，并用下列方法鉴定其中组分。

（1）钼酸铵试剂与无机磷酸结合生成的磷钼酸易被还原生成钼蓝，以鉴定核酸中的磷。

（2）3，5-二羟基甲苯与核糖在浓酸中共热呈绿色，以鉴定核糖的存在。

（3）嘌呤碱与硝酸银共热产生褐色的嘌呤银沉淀，以鉴定嘌呤的存在。

三、实验材料

1. 实验仪器

乳钵、锥形瓶、水浴锅、量筒、布氏漏斗及抽滤瓶、吸管、胶头滴管、试管及试管架、烧杯、离心机、漏斗等。

2. 实验试剂

0. 04mol/L 氢氧化钠溶液：称取氢氧化钠颗粒 1. 6g，蒸馏水定容于 1000mL 容量瓶中。

酸性乙醇溶液：将 0. 3mL 浓盐酸加入 30mL 乙醇中。

95%乙醇：分析纯。

乙醚：分析纯。

1. 5mol/L 硫酸溶液：量取浓硫酸 41. 7mL，蒸馏水定容于 500mL 容量瓶中。

浓氨水：分析纯。

0. 1mol/L 硝酸银溶液：称取硝酸银 17g，蒸馏水定容于 1000mL 容量瓶中。

0. 1g/mL 三氯化铁溶液：称取 $FeCl_3 \cdot 6H_2O$ 10g，蒸馏水定容于 100mL 容量瓶中。

三氯化铁浓盐酸溶液：量取 0. 1g/mL 三氯化铁溶液 2mL，加入 400mL 浓盐酸中。

苔黑酚乙醇溶液：溶解 6g 苔黑酚于 95%乙醇 100mL 中（可在冰箱中保存 1 个月）。

定磷试剂：

①17%硫酸溶液：将浓硫酸 17mL（相对密度 1. 84）缓缓加入 83mL 水中。

②0.025g/mL 钼酸铵溶液：将钼酸铵 2.5g 溶于 100mL 水中。

③0.1g/mL 抗坏血酸溶液：抗坏血酸 10g 溶于 100mL 水中，置于棕色瓶贮存。溶液呈淡黄色时可用，如呈深黄或棕色则失效，需纯化抗坏血酸。

临用时将上述 3 种溶液与水按如下比例混合：

17%硫酸溶液：0.025g/mL 钼酸铵溶液：0.1g/mL 抗坏血酸溶液：水＝1：1：1：2（体积比）。

酵母粉：市售干酵母。

四、实验步骤

1. 酵母 RNA 的制备

称取干酵母粉 15g，悬浮于 0.04mol/L 氢氧化钠溶液 90mL，并用乳钵研磨均匀。将悬浮液转移至 150mL 锥形瓶中，在沸水浴上加热 30min 后，冷却。将悬浮液置于离心管中 3000r/min 离心 15min，将上清液缓缓倾入 30mL 酸性乙醇溶液中。注意一边搅拌一边缓缓倾入。待核糖核酸沉淀完全后，3000r/min 离心 3min，弃去上清液。用 95%乙醇洗涤沉淀两次，乙醚洗涤沉淀一次后，再用乙醚将沉淀转至布氏漏斗中抽滤。沉淀可在空气中干燥。

2. RNA 的水解

取 200mg 提取的核酸沉淀，加入 1.5mol/L 硫酸溶液 10mL，在沸水浴中加热 10min 制成水解液并进行组分的鉴定。

3. RNA 组分鉴定

取三支试管，并分别编号 1、2、3 号。

嘌呤碱：取 1 号试管，加入水解液 1mL，再加入过量浓氨水，然后加入 0.1mol/L 硝酸银溶液 1mL，观察有无嘌呤的银化合物沉淀。

核糖：取 2 号试管，加入水解液 1mL，再加入三氯化铁浓盐酸溶液 2mL 和苔黑酚乙醇溶液 0.2mL。沸水浴中加热 10min。注意溶液是否变成绿色。

磷酸：取 3 号试管，加入水解液 1mL，再加入定磷试剂 1mL。沸水浴中加热，观察溶液是否变成蓝色。

4. 实验结果与分析

实验结果与分析见表 1-5。

表 1-5　数据记录表

管号	1 号试管	2 号试管	3 号试管
颜色			

5. 注意事项

（1）酵母研磨要充分。

（2）沸水中加热时要时常摇动试管。

（3）硝酸银中加氨水应逐滴加入，白色沉淀消散后再加水解液。

五、思考题

1. 本实验为什么要选用酵母作为提取 RNA 的实验原料？
2. RNA 提取过程中的关键步骤及注意事项有哪些？

实验九　核酸——动物肝脏中 DNA 的提取及测定

一、实验目的

1. 掌握浓盐法提取动物组织 DNA 的原理及步骤。
2. 掌握二苯胺法测定 DNA 的原理及方法。

二、实验原理

核酸和蛋白质在生物体中常以核蛋白（DNP/RNP）的形式存在，其中 DNP 能溶于水及高浓度盐溶液，但在 0.14mol/L 的盐溶液中溶解度很低，而 RNP 则可溶于低盐溶液，因此可利用不同浓度的 NaCl 溶液将其从样品中分别抽提出来。

将抽提得到的 DNP 用 SDS 处理可将其分离为 DNA 和蛋白质，再用氯仿-异戊醇将蛋白质沉淀除去可得 DNA 上清，加入冷乙醇即可将其呈纤维状析出。

三、实验材料

1. 实验仪器

匀浆器、量筒、离心机、离心管、试管、吸管、恒温水浴锅、玻璃棒、保鲜膜等。

2. 实验试剂

0.1mol/L NaCl-0.05mol/L 柠檬酸钠缓冲液（pH6.8）：分别称取 5.85g NaCl 和 41.7g 柠檬酸钠，蒸馏水定容于 1000mL 容量瓶中。

95%乙醇：分析纯。

NaCl 固体：分析纯。

0.05g/mL SDS 溶液：称取 5g SDS，蒸馏水定容于 100mL 容量瓶中。

氯仿-异戊醇混合液：氯仿：异戊醇=20：1（体积比）。

DNA 标准液 200μg/mL：DNA 钠盐用 5mmol/L 的 NaOH 配制。

二苯胺：称取纯二苯胺 1g 溶于 100mL 冰醋酸中，加入 10mL 过氯酸，混匀。临用时加 1mL 1.6%乙醛溶液，所配制试剂应为无色。

四、实验步骤

1. 样品称量

称取新鲜猪肝 8g，加入 0.1mol/L NaCl 和 0.05mol/L 柠檬酸钠缓冲液 16mL，并用匀浆器将猪肝磨碎，制成肝糜。

2. 提取 DNA

量取肝糜 4mL 于 10mL 离心管中，置于离心机中 4000r/min 离心 10min，弃去上清液，沉淀中再加入 8mL 缓冲液于 4000r/min 离心 5min，弃去上清液。

将离心后沉淀用10mL柠檬酸钠缓冲液完全洗入干净的小烧杯、加入氯仿-异戊醇混合液5mL、SDS 1mL，振荡30min（保鲜膜封口）。

缓慢加入固体NaCl 0.9g，使其最终浓度为1mol/L。

将溶液分装到2个10mL离心管中，4000r/min离心5min，取上层水相（图1-9）。

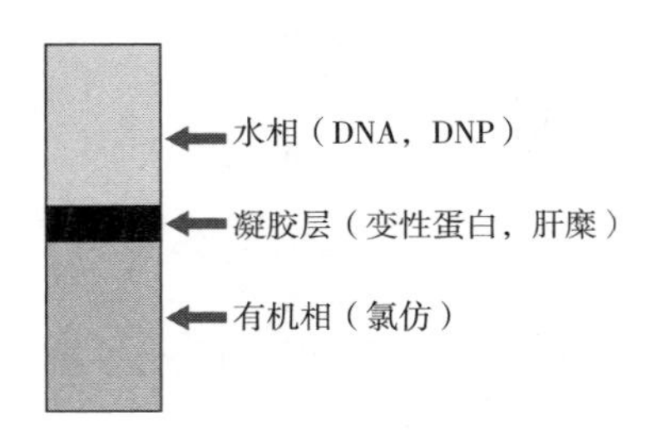

图1-9　脱蛋白离心后分层

在上述水相溶液中分别加等体积冷95%乙醇，边加边用玻璃棒慢慢朝一个方向搅动，将缠绕在玻棒上的凝胶状物用滤纸吸去多余的乙醇，即得DNA粗品。

用8mL蒸馏水溶解DNA粗品于10mL离心管中。

3. 标准曲线的绘制

取6支洁净试管，按表1-6加入各种试剂，混匀，于60℃恒温水浴锅加热45min，冷却后，于分光光度计在595nm波长下比色测定，以吸光度对DNA浓度作图，制作标准曲线。

表1-6　数据记录表

试剂	管号					
	0	1	2	3	4	5
标准DNA溶液/mL	0.0	0.4	0.8	1.2	1.6	2.0
蒸馏水/mL	2.0	1.6	1.2	0.8	0.4	0.0
二苯胺试剂/mL	4.0	4.0	4.0	4.0	4.0	4.0
A595nm						

4. 样品的测定

将DNA粗品用蒸馏水定容至25mL容量瓶。取DNA样液1.0mL，加入蒸馏水1.0mL，混匀。然后准确加入二苯胺试剂4.0mL，混匀，于60℃恒温水浴锅45min，冷却后，于分光光度计在595nm波长下比色测定，根据所测的吸光度对照标准曲线求得DNA的质量（μg）。

5. 计算100g猪肝中DNA含量

计算100g猪肝中DNA的含量，以式（1-6）为准。

$$w = \frac{m_1}{m_2} \times 100\% \qquad (1-6)$$

式中　w——DNA的质量分数

m_1——样液中测得的DNA的质量，μg

m_2——样液中所含样品的质量，μg

6. 注意事项

（1）匀浆（破碎细胞）要充分，如有需要可事先剪成小块。

（2）固体 NaCl 应磨碎，加入应分批缓慢加入，边加边摇，避免局部浓度过大或者未及溶解而沉入氯仿层。

（3）变性蛋白质层易散，吸取上清液时应仔细，不要将蛋白质及下层的氯仿吸入。

（4）实验结束后将变性的蛋白质（肝糜）小心取出置于专用的废物袋中，氯仿倒入回收瓶内。

五、思考题

1. 实验中的乙醇、SDS、氯仿-异戊醇、NaCl、柠檬酸钠分别有什么作用？
2. 还有哪些常用的 DNA 提取方法？

实验十　核酸——糟醅总 DNA 的提取

一、实验目的

掌握环境样品 DNA 的提取方法。

二、实验原理

环境样品总 DNA 的提取是微生物区系分析或宏基因组分析的必需步骤，但在提取过程中需注意以下问题。

（1）环境样品中微生物菌体细胞的洗涤、富集，通常采用表面活性剂、超声、离心等方法。

（2）菌体裂解。

（3）杂质的去除。

（4）DNA 的保护。

通常采用的方法包括 CTAB 法、试剂盒法等，其中试剂盒方法可在不使用苯酚和氯仿等有害的有机溶剂的情况下，快速（30min 内）提取环境样品中的 DNA，因此，尽管试剂盒法提取 DNA 的成本相对较高，目前多数实验室仍倾向于试剂盒法提取 DNA。以 FastDNA SPIN Kit for Soil 土壤 DNA 提取试剂盒为例，其主要作用原理包括以下三条。

（1）裂解　该试剂盒通过陶瓷和硅粒子与微生物菌体在高速离心状态下高速碰撞来裂解细胞，释放 DNA。

（2）除杂　主要通过 MT 缓冲液（一种商品缓冲液）和磷酸钠缓冲液等来降低蛋白及 RNA 污染。

（3）DNA 纯化和洗脱　使用用于吸附 DNA 的二氧化硅吸附基质（Binding Matrix）悬浮 DNA，使用 SEWS-M（盐乙醇，用前加 100mL 乙醇）洗去蛋白杂质，使用 DES（DNA 洗脱液，超纯水）洗脱 DNA。

三、实验材料

1. 实验材料

发酵糟醅：浓香型白酒入窖糟醅。

2. 实验试剂

FastDNA SPIN Kit for Soil 土壤 DNA 提取试剂盒、PCR 扩增试剂盒、引物 NL1 及 NL4（序列分别为 5′-GCATATCAATAAGCGGAGGAAAAG-3′、5′-GGTCCGTGTTTCAAGACGG-3′）。

3. 实验仪器

FastPrep-24TM（快速破碎仪）、小型台式冷冻离心机、PCR 仪、电泳仪、核酸检测仪。

四、实验步骤

1. 取样

生产车间内随机多点取入窖糟醅样品，现场混匀无菌取样后在冷藏条件下带回实验室，在 2h 内完成总 DNA 的提取。

2. 样品预处理

将 15g 样品与 2g 直径为 1mm 的无菌玻璃珠和 15mL 缓冲液在 50mL 离心管中剧烈混合 15min，然后以 200r/min 离心 5min，然后将上清液转移到另一个 50mL 离心管中，用无菌水洗涤并沉淀，重复两次。将三次的上清液转移到试管中进行混合，以 14000r/min 离心 10min。向沉淀中加入 2.5mL PBS，涡旋振荡使其重悬，然后将 2 管的重悬液混合在一个管里面，取 1mL 重悬液 10^5r/min 离心 10min，丢掉上清液留沉淀。每个 1 样品做 2 个重复。

3. 总 DNA 提取

采用 FastDNA SPIN Kit for Soil 土壤 DNA 提取试剂盒按照如下步骤提取糟醅 DNA。

（1）向上述样品预处理中准备的样品中加入 978μL 磷酸缓冲液以及 122μL MT 缓冲液。

目的：用洗涤剂溶解样品中胞外蛋白以及污染物。

（2）用 FastPrep-24TM 机械在 6.0 的速度下工作 40s 破壁。

目的：通过机械方法破碎细胞壁释放核酸到保护缓冲液中。

注意：管子不要装得太满，不然会破碎不完全。

（3）14000r/min 离心 5~10min 去沉淀颗粒。

目的：沉淀难溶的细胞质等杂质。

注意：增加离心时间到 15min 会进一步消除来自样品中的沉淀或者细胞壁。

（4）转移上清液到一个干净的 2.0mL 的离心管中。加入 250μL PPS（Protein Precipitation Solution，蛋白沉淀剂），并且通过上下颠倒的方法混合（轻轻地）10 次。放到冰上孵育 5min。

目的：分离来自细胞沉淀中的溶解的核酸，以及絮凝蛋白包容微胶粒。

（5）14000r/min 离心 5min 沉淀颗粒，转移上清液到一个干净的 15mL 的管子里。

目的：去除絮凝的蛋白质。

注意：用一个大的管子能够使其很好的混合并且 DNA 也能够很好地结合上。

（6）加入 Bingding Matrix Suspension 1mL 到上清液中并轻轻地吹打。

（7）用手颠倒 2min 或者涡旋 2min 来固定 DNA。然后静置 3min 使硅胶基质沉淀。

目的：使核酸结合到硅胶基质上。

（8）去掉 500μL 的上清液，注意不要碰到了二氧化硅吸附基质。

（9）用剩下的上清液小心地吹打二氧化硅吸附基质，转移 600μL 的混合液到带滤头的小离心管（SPINTM Filter）上，14000r/min 离心 1min。再倒空收集管（Catch Tuble），并用剩下的上清液小心的吹打 Bingding Matrix，转移 600μL 的混合液到带滤头的小离心管上，14000r/min 离心 1min，直到全部转移。

（10）加入 500μL 准备好的 SEWS-M 到带滤头的小离心管中，并且用移液枪头液体的力量轻轻地吹打，再 14000r/min 离心 1min，倒出滤过液。

目的：继续溶解蛋白，去除杂质使纯的 DNA 仍然结合在硅胶基质上。

（11）在没有任何液体的情况下再次在 14000r/min 下离心 2min 来干燥多余的洗脱液，再换一个新的干净的收集管。

（12）在室温下打开盖子风干带滤头的小离心管至少 5min，或者在 60℃下孵育 5min。

目的：去除多余的乙醇。

（13）用 50~100μL 的洗脱液（DES），小心吹打，55℃孵育 5min。

（14）14000r/min 离心 1min 将 DNA 洗脱到一个干净的收集管。

4. DNA 检测

对提取到的总 DNA 用 1%琼脂糖凝胶跑胶，看是否有条带出现，操作如下：

（1）制备 1%琼脂糖凝胶　称取 1g 琼脂糖凝胶倒入锥形瓶中加入 100mL 1×TAE，放入微波炉中煮沸直到液体澄清透明时取出，再向其中加入 10μL Green 核酸染料。

（2）制备胶板　根据 DNA 的样品的数量选择梳子，插上梳子，锥形瓶不怎么烫手时就可以倒胶，胶不要超过梳子高度的一半的位置，使其冷却，将其放到有 1×TAE 缓冲液的电泳仪池中，注意要让缓冲液没过胶板。

（3）点样　maker 6μL，DNA 样品 2μL，上样缓冲液（Loading Buffer）以及 DNA 在 PE 手套上吹打几次混合，吸取 6μL 迅速打入到点样孔内。

（4）跑胶　有点样孔的一端放在正极（黑色），150V 跑胶 30min 或者跑到胶的 2/3 位置就可以停止跑胶。

（5）观察　将跑好的胶放到紫外灯下照射观察是否有条带出现，有条带的话证明提取成果，将提取到的总 DNA 放在-20℃冰箱中保藏。

五、思考题

1. 如何收集到尽量多的微生物菌体？
2. 如何避免提取过程中 DNA 降解？

实验十一　酶——酶的特性

一、实验目的

1. 掌握温度、pH、激活剂和抑制剂对酶活性的影响。

2. 验证酶的专一性。

二、实验原理

酶是由活细胞产生的，具有催化活性的特殊蛋白质，生物体内存在多种多样的酶，使生物体可以在温和条件下迅速完成复杂的生物化学反应。

酶具有高度的专一性。以唾液淀粉酶为例，唾液淀粉酶水解淀粉生成有还原性二糖的麦芽糖，但不能催化蔗糖的水解。本尼迪特试剂为碱性硫酸铜，能氧化具还原性的糖如麦芽糖，生成砖红色沉淀氧化亚铜，而淀粉和蔗糖无还原性，不能生成砖红色沉淀。

酶的催化作用受温度的影响很大，在最适温度下，酶的反应速率最大。大多数动物酶的最适温度为37~40℃，植物酶的最适温度为50~60℃。低温能降低或抑制酶的活性，但不能使酶失活。而在100℃的溶液中，大部分酶很快失去活性。淀粉遇碘呈蓝色，糊精按其分子质量的大小，遇碘可呈蓝色、紫色、暗褐色或红色，最简单的糊精和麦芽糖遇碘不呈色。在不同温度条件下，淀粉被唾液淀粉酶水解的程度可由水解混合物遇碘呈现的颜色来判断。

酶的活性受环境pH的影响显著，通常各种酶只有在一定的pH范围内才具有活性。酶活性最高时的pH称为该酶的最适pH。高于或低于最适pH时，酶活性降低。不同酶的最适pH不同。本实验观察不同pH对唾液淀粉酶活性的影响。

能使酶的活性增加的作用称为酶的激活作用，使酶的活性增加的物质称为酶激活剂；能使酶的活性减低的作用称为酶的抑制作用，使酶的活性降低的物质称为酶的抑制剂。激活剂与抑制剂常表现某种程度的特异性。氯离子为唾液淀粉酶的激活剂，铜离子为其抑制剂。本实验观察激活剂和抑制剂对唾液淀粉酶活性的影响。

三、实验材料

1. 实验仪器

恒温水浴锅、pH计、冰箱、试管及试管架、移液管、吸管。

2. 实验试剂

0.1mol/L柠檬酸溶液：称取21.0g一水合柠檬酸，蒸馏水定容至1000mL容量瓶中。

0.2mol/L磷酸氢二钠溶液：称取71.6g十二水磷酸氢二钠，蒸馏水定容至1000mL容量瓶中。

0.003g/mL氯化钠溶液：称取0.3g氯化钠溶于100mL水中。

0.002g/mL淀粉：称取0.2g可溶性淀粉溶于100mL 0.003g/mL氯化钠溶液中。

0.01g/mL淀粉：称取1g可溶性淀粉溶于100mL蒸馏水中。

0.005g/mL 淀粉：称取 0.5g 可溶性淀粉溶于 100mL 蒸馏水中。

碘化钾-碘溶液：于 2%碘化钾溶液中加入碘至淡黄色。

Benedict 试剂：173g 柠檬酸钠和 100g 无水碳酸钠溶解于 800mL 蒸馏水中。再取 17.3g 结晶硫酸铜溶解在 100mL 热水中，冷却后，将硫酸铜溶液缓缓倾入柠檬酸钠-碳酸钠溶液中，边加边搅，最后定容到 1000mL。

0.01g/mL 氯化钠溶液：称取氯化钠 1g，蒸馏水定容至 100mL 容量瓶中。

0.01g/mL 硫酸铜：称取硫酸铜 1g，蒸馏水定容至 100mL 容量瓶中。

0.01g/mL 蔗糖溶液：称取蔗糖 1g，蒸馏水定容至 100mL 容量瓶中。

0.01g/mL 硫酸钠溶液：称取硫酸钠 1g，蒸馏水定容至 100mL 容量瓶中。

四、实验步骤

1. 唾液淀粉酶稀释度的确定

（1）稀释唾液的制备　用饮用纯净水（蒸馏水）漱口，清洗口腔（含 10~20mL 饮用纯净水，轻轻漱动），2min 后收集在烧杯中，得唾液原液。用蒸馏水稀释唾液，获得 1∶5、1∶25、1∶50、1∶100 等不同倍数的稀释唾液。

（2）唾液淀粉酶最佳稀释度的确定　按表 1-7 添加试剂并反应，观察记录现象，确定唾液淀粉酶最佳稀释度。

表 1-7　唾液淀粉酶稀释度确定实验试剂添加表

试剂	1 号管	2 号管	3 号管	4 号管	5 号管
	原液	1∶5 稀释液	1∶25 稀释液	1∶50 稀释液	1∶100 稀释液
0.002g/mL 淀粉/mL	1	1	1	1	1
稀释唾液/mL	1	1	1	1	1
	37℃水浴保温 5min				
本尼迪特试剂/mL	1	1	1	1	1
	沸水浴 5min				
实验现象					

2. 淀粉酶的专一性

按表 1-8 添加各试剂，观察比较各管实验现象，并解释。

表 1-8　淀粉酶的专一性实验试剂添加表

试剂	管号			
	1	2	3	4
0.002g/mL 淀粉/mL	1	—	1	—
1%蔗糖/mL	—	1	—	1

续表

试剂	管号			
	1	2	3	4
稀释唾液/mL	—	—	1	1
蒸馏水/mL	1	1	—	—
	37℃恒温水浴 10min，分别取 2 滴反应液在白瓷板中，滴加 2 滴碘化钾-碘试剂			
实验现象 1				
本尼迪特试剂/mL	1	1	1	1
	沸水浴 5min			
实验现象 2				

3. 温度对酶活性的影响

取洁净试管，按表 1-9 添加各试剂。

表 1-9 温度对酶活性的影响实验试剂添加表

试剂	管号				
	1	2	3	4	5
0.01g/mL 淀粉/mL	1	1	1	1	1
温度预处理/℃	37	0	100	0	100
稀释唾液/mL	1	1	1	1	1
	37℃保温 5min	0℃保温 5min	100℃保温 5min	先 0℃保温 5min，再 37℃保温 5min	先 100℃保温 5min 再 37℃保温 5min
	继续反应至 1 号管基准时间，冷却				
碘化钾-碘	2 滴	2 滴	2 滴	2 滴	2 滴
实验现象					

注：保温 5min 后，测定 1 号管反应基准时间，即每隔 20s 从 1 号管中取溶液 1 滴加到已有碘化钾-碘的白瓷板中，观察颜色变化，直至与碘不呈色时，记录所用时间为基准反应时间。

4. pH 对酶活性的影响

配制 pH 5.0~8.0 的不同缓冲液（表 1-10）。

表 1-10 pH 5.0~8.0 的不同缓冲液配制表

pH	0.2mol/L 磷酸氢二钠/mL	0.1mol/L 柠檬酸/mL
5.0	5.15	4.85
5.8	6.05	3.95
6.8	7.72	2.28
8.0	9.72	0.28

取洁净试管，按表 1-11 添加各试剂。根据实验结果找出唾液淀粉酶的最适 pH。

表 1-11 pH 对酶活性的影响实验试剂添加表

试剂	1 号管	2 号管	3 号管	4 号管
	pH5.0	pH5.8	pH6.8	pH8.0
不同 pH 缓冲液/mL	3	3	3	3
0.002g/mL 淀粉溶液/mL	1	1	1	1
	37℃水浴保温 2min			
稀释唾液/mL	1	1	1	1
	37℃水浴保温，反应至 3 号管基准时间			
碘化钾-碘	2 滴	2 滴	2 滴	2 滴
实验现象				

注：每隔 1min 从 3 号管中取溶液 2 滴加到已有碘化钾-碘试剂的白瓷板中，观察颜色变化，直至与碘不呈色时，记录所用时间为基准反应时间。再向各管加碘化钾-碘试剂 2 滴，摇匀后观察。

5. 激活剂和抑制剂对酶活性的影响

按表 1-12 添加试剂。

表 1-12 激活剂和抑制剂对酶活性影响实验试剂添加表

试剂	管号			
	1	2	3	4
0.005g/mL 淀粉溶液/mL	1	1	1	1
0.01g/mL 硫酸铜/mL	1	—	—	—
0.01g/mL 氯化钠溶液/mL	—	1	—	—
0.01g/mL 硫酸钠溶液/mL	—	—	1	—
蒸馏水/mL	—	—	—	1
	混匀，37℃水浴保温 2min			
稀释唾液/mL	1	1	1	1

加入稀释唾液后，迅速混匀，置 37℃水浴保温，每隔 30s 分别取 1 滴反应液滴加到已有碘化钾-碘试剂的白瓷板中，观察颜色的变化。记录试管内液体不呈现蓝色的先后顺序，说明原因。

6. 注意事项

（1）每个人唾液中淀粉酶活性不同，因此需要先确定唾液淀粉酶最佳稀释度。

（2）实验中所用试管需清洗干净，避免交叉污染。

五、思考题

1. 什么是酶的专一性，可分为哪几类？
2. 酶促反应速度受哪些因素的影响？

实验十二　酶——小麦淀粉酶活性的测定

一、实验目的

1. 掌握测定淀粉酶活性的方法。
2. 了解小麦萌发前后淀粉酶活性的变化。

二、实验原理

酶是高效催化有机体新陈代谢各步反应的活性蛋白，几乎所有的生化反应都离不开酶的催化，所以酶在生物体内扮演着极其重要的角色，因此对酶的研究有着非常重要的意义。酶活性是酶的重要参数，反映的是酶的催化能力，因此测定酶活性是研究酶的基础。酶活性由酶活性单位表征，通过计算适宜条件下一定时间内，一定量的酶催化生成产物的量得到。

种子中贮藏的糖类主要以淀粉的形式存在。淀粉酶能使淀粉水解为麦芽糖。

$$2\ (C_6H_{10}O_5)_n + nH_2O \xrightarrow{\text{淀粉酶}} nC_{12}H_{22}O_{11}$$

在碱性条件下，3,5-二硝基水杨酸（DNS，黄色）与还原糖共热后，被还原为3-氨基-5-硝基水杨酸（棕红色物质），还原糖被氧化成糖酸及其他产物。3-氨基-5-硝基水杨酸在540nm波长处有最大吸收，在一定的浓度范围内，还原糖的量与光吸收值呈线性关系，利用比色法可测定样品中的还原糖含量。麦芽糖具有还原性，能使3,5-二硝基水杨酸还原成棕色的3-氨基-5-硝基水杨酸，可用分光光度计法测定。

休眠种子的淀粉酶活性很弱，种子吸胀萌动后，酶活性逐渐增强，并随着发芽天数的增长而增加。

本实验观察小麦种子萌发前后淀粉酶活性的变化。

三、实验材料

1. 实验仪器

25mL刻度试管、吸管、乳钵、离心管、分光光度计、离心机、恒温水浴锅等。

2. 实验试剂

1. 0g/mL标准麦芽糖溶液：精确称取100mg麦芽糖，用少量蒸馏水溶解后，蒸馏水定容至100mL容量瓶中。

0. 2mol/L磷酸二氢钾溶液：称取27. 2g磷酸二氢钾，蒸馏水定容至1000mL容量瓶中。

0. 2mol/L磷酸氢二钾溶液：称取34. 8g磷酸氢二钾，蒸馏水定容至1000mL容量瓶中。

0. 02mol/L磷酸缓冲液（pH6. 9）：0. 2mol/L磷酸二氢钾67. 5mL与0. 2mol/L磷酸氢二钾82. 5mL混合，蒸馏水稀释10倍。

1%淀粉溶液：称取可溶性淀粉1g溶于100mL 0. 02mol/L磷酸缓冲液中，其中含有

0.0067mol/L 氯化钠。

1% 3,5-二硝基水杨酸试剂：称取 3,5-二硝基水杨酸 1g 溶于 2mol/L 氢氧化钠溶液 20mL 和蒸馏水 50mL 中，再加入 30g 酒石酸钾钠，蒸馏水定容至 100mL 容量瓶中。若溶液混浊，可过滤。

0.01g/mL 氯化钠溶液：称取氯化钠 1g，蒸馏水定容至 100mL 容量瓶中。

石英砂：分析纯。

四、实验步骤

1. 种子发芽

选取均匀饱满的小麦种子，蒸馏水中浸泡 2.5h 后，放入 25℃ 恒温箱内或在室温下发芽。

2. 麦芽糖标准曲线制作

取 6 支 25mm×250mm 试管，按表 1-13 加入 1.0mg/mL 麦芽糖标准液、蒸馏水和 1% 3,5-二硝基水杨酸试剂。

表 1-13　麦芽糖标准曲线制作试剂添加表

试剂	管号					
	0	1	2	3	4	5
麦芽糖标准液/mL	0	0.2	0.4	0.6	0.8	1
蒸馏水/mL	1	0.8	0.6	0.4	0.2	0
麦芽糖含量/mg	0	0.2	0.4	0.6	0.8	1.0
3,5-二硝基水杨酸溶液/mL	1	1	1	1	1	1
	沸水中加热 5min，取出，用自来水冷却至室温					
蒸馏水/mL	8.0	8.0	8.0	8.0	8.0	8.0
A_{540nm}						

摇匀，记录待测样品中麦芽糖含量。以空白调零，测定 $\lambda = 540nm$ 处的吸光度。以麦芽糖含量（mg）为横坐标，光吸收值为纵坐标，绘制标准曲线。

3. 酶液提取

（1）幼苗酶的提取　取发芽第 3 天或第 4 天的幼苗 20 株，放入乳钵内，加石英砂 200mg，加入 0.01g/mL 氯化钠溶液 10mL，用力磨碎成匀浆。在室温下放置 20min，其间用玻璃棒搅拌几次。然后将提取液转移至离心管中，置于离心机中 2000r/min 离心 6min。

（2）种子酶的提取　取干燥种子或浸泡 2.5h 后的种子 20 粒作为对照，提取步骤同上。

4. 酶活性测定

（1）取刻度试管，编号。按表 1-14 要求加入各试剂（淀粉加入后，须在 40℃ 预热 10min）。

表 1-14　酶活性测定样品和试剂添加量

试剂	样品		
	空白管	种子	幼苗
1%淀粉溶液/mL	1	1	1
蒸馏水/mL	1	—	—
酶提取液/mL	—	1	1

将各管混匀，放在 40℃水浴中，保温 5min。

（2）立即向各管加入 1% 3，5-二硝基水杨酸溶液 1mL，放入沸水浴中加热 5min。冷却至室温，加蒸馏水 8mL，充分混匀。

（3）用空白管作对照调零，测定 $\lambda=540$nm 处各管的吸光值，带入麦芽糖标准曲线，计算。酶活性测定结果记录表如表 1-15 所示。

表 1-15　酶活性测定结果

结果	样品	
	种子	幼苗
A_{540nm}		
麦芽糖含量/mg		

5. 结果分析

本实验规定：40℃，5min 内水解淀粉释放 1mg 麦芽糖所需的酶量为 1U（1 个酶活性单位）。

$$淀粉酶活性=\frac{B\times V_e\times n}{V_s} \tag{1-7}$$

式中　B——淀粉酶水解淀粉生成麦芽糖量

V_e——提取样品总体积

V_s——酶反应时所用样品体积

n——酶提取液稀释倍数

计算后，比较浸泡 2h 的种子酶活性和种子发芽后酶活性。

6. 注意事项

（1）种子研磨应均匀，以助于酶液的提取。

（2）在测定蛋白质浓度及酶液时，应快速测量，以防止反应试剂的分解，提高测定的正确性。

（3）样品测定中，若吸光值过高，可将酶提取液稀释适当倍数，再测定酶活性。

五、思考题

1. 为什么要将各试管中的淀粉酶原液和1%淀粉溶液分别置于25℃水浴中保温？
2. 本实验最易产生对结果有较大误差影响的操作是哪些步骤？为什么？

实验十三 维生素——蔬菜中维生素 C 含量的测定

一、实验目的

1. 掌握定量测定维生素 C 含量的原理及方法。
2. 掌握微量滴定法的操作技术。

二、实验原理

维生素 C 又称抗坏血酸（化学结构式见图 1-10），是广泛存在于新鲜水果蔬菜及许多生物中的一种重要的维生素，作为一种高活性物质，它参与许多新陈代谢过程。近几年来在植物衰老和逆境等自由基伤害理论的研究中，维生素 C 作为生物体内对自由基伤害产生的相应保护系统成员之一，引起了人们的研究兴趣。因此对其含量的测定，可作为抗衰老及抗逆境的重要生理指标，同时对鉴别果树品质优劣、选育良种都具有重要意义。

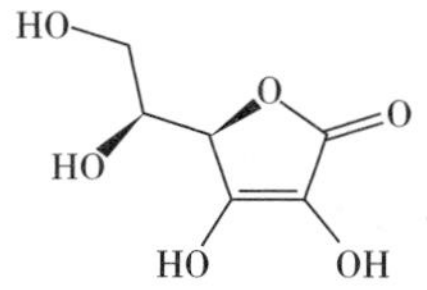

HO HO O O HO OH

图 1-10 维生素 C 化学结构式

测定维生素 C 含量的化学方法，一般是根据它的还原性。本实验即利用维生素 C 的这一性质，使其与 2,6-二氯酚靛酚作用，其反应如下：

维生素 C+2,6-二氯酚靛酚→脱氢维生素 C+2,6-二氯酚靛酚

（还原型）（氧化型）玫瑰色（氧化型）（还原型）无色

2,6-二氯酚靛酚钠盐的水溶液呈蓝色，在酸性环境中为玫瑰色，当其被还原时，则脱色。根据上述反应，利用 2,6-二氯酚靛酚在酸性环境中滴定含有维生素 C 的样品溶液。开始时，样品液中的维生素 C 立即将滴入的 2,6-二氯酚靛酚还原脱色，当样品液中的维生素 C 全部氧化时，再滴入 2,6-二氯酚靛酚就不再被还原脱色而呈玫瑰色。故当样品液用 2,6-二氯酚靛酚标准液滴定时，溶液出现浅玫瑰色时表示样品液中的维生素 C 全部被氧化，达到了滴定终点。此时，记录滴定所消耗的 2,6-二氯酚靛酚标准液量，计算出样品液中还原型维生素 C 的含量。

三、实验材料

1. 实验仪器

吸管、容量瓶、量筒、微量滴定管、电子分析天平、研钵、漏斗、滤纸等。

2. 实验试剂

10%盐酸溶液：量取 10mL 浓盐酸，蒸馏水定容至 100mL 容量瓶中。

偏磷酸-乙酸溶液：称取偏磷酸 15g，溶于 40mL 乙酸和 450mL 蒸馏水配成的混合液中，过滤。贮于冰箱内，此液保存不得超过 10d。

标准维生素 C 溶液：准确称取纯维生素 C 结晶 50mg，偏磷酸-乙酸溶液定容至 250mL 容量瓶中。装入棕色瓶，贮于冰箱内。

2,6-二氯酚靛酚溶液：称取碳酸氢钠 0.21g 和 2,6-二氯酚靛酚 0.26g，溶于 250mL 蒸馏水中，稀释至 1000mL。过滤，装入棕色瓶内，置冰箱内保存，不得超过 3d。使用前用新配制的标准维生素 C 溶液标定。

四、实验步骤

1. 样品的处理及提取

称取 30g 绿豆芽（37℃发芽 3~7d）置于研钵中，研磨均匀，室温下放置约 10min，用 2 层纱布过滤，将滤液（如混浊可离心）滤入 50mL 容量瓶中。反复抽提 2~3 次，将滤液并入同一容量瓶中。最后，用 10%盐酸酸化的蒸馏水定容，混匀，备用。

2. 标准液滴定

取标准维生素 C 溶液 5mL 加入偏磷酸-乙酸溶液 5mL。然后用 2,6-二氯酚靛酚溶液滴定，以生成微玫瑰红色持续 15s 不退为终点。计算 2,6-二氯酚靛酚溶液的浓度，以每毫升 2,6-二氯酚靛酚溶液相当于维生素 C 的毫克数来表示。

3. 样品滴定

量取样品提取液 10mL 于锥形瓶中。用微量滴定管，以 2,6-二氯酚靛酚溶液滴定样品提取液，提取液呈微弱的玫瑰色并持续 15s 不退为终点，记录所用 2,6-二氯酚靛酚的体积。整个滴定过程不要超过 2min。

另取 10mL 用 10%盐酸酸化的蒸馏水作空白对照滴定。样品提取液和空白对照各做三份。

4. 计算结果

$$\text{维生素 C（mg/100g 样品）} = \frac{(V_A - V_B) \times S}{W} \times 100 \quad (1-8)$$

式中　V_A——滴定样品提取液所用的 2,6-二氯酚靛酚的平均体积，mL

V_B——滴定空白对照所用的 2,6-二氯酚靛酚的平均体积，mL

S——1mL 2,6-二氯酚靛酚溶液相当于维生素 C 的质量，mg

W——10mL 样品提取液中含样品的质量，mg

5. 注意事项

（1）生物组织提取液中维生素 C 还能以脱氢和结合的形式存在。这两种形式的维生素 C 都具有还原型维生素 C 的生物活性，却不能将 2,6-二氯酚靛酚还原脱色。

（2）生物组织提取液中常含有天然色素，干扰对滴定终点的观察。

（3）酸化蒸馏水的制备：每 10mL 蒸馏水加入 10%盐酸溶液 1 滴。

（4）用氧化剂滴定维生素 C 的反应不是特异的，其他还原物质对此反应有干扰。为了增加反应的特异性，最简单的方法是加快滴定的速度，因为很多干扰物质与 2,6-二氯酚靛酚的反应比较缓慢。

五、思考题

1. 实验样品为什么要用盐酸酸化的蒸馏水定容？
2. 还有哪些方法可用于维生素 C 的定量测定？

实验十四　维生素——高效液相色谱法测定维生素 A 含量

饲料中维生素 A 的测定

一、实验目的

1. 掌握定量测定维生素 A 的原理及方法。
2. 掌握液相色谱的操作技术。

二、实验原理

维生素 A 是一种脂溶性维生素，对热、酸、碱稳定，易被氧化，紫外线可促进其氧化破坏。维生素 A 包括 A_1 及 A_2，A_1 即视黄醇。维生素 A_2 即 3-脱氢视黄醇，其生理活性为维生素 A_1 的 40%。

维生素 A 有促进生长、繁殖，维持骨骼、上皮组织、视力和黏膜上皮正常分泌等多种生理功能，维生素 A 及其类似物有阻止癌前期病变的作用。我国成人维生素 A 推荐摄入量（RNI）男性为每日 800μg 视黄醇活性当量，女性为每日 700μg 视黄醇活性当量。含维生素 A 多的食物有禽、畜的肝脏、蛋黄、奶粉，胡萝卜素在小肠黏膜内可变为维生素 A，红黄色及深绿色蔬菜，水果中含胡萝卜素多。其化学结构式如图 1-11 所示。

视黄醇（维生素A_1）

3-脱氢视黄醇（维生素A_2）

图 1-11　维生素 A 化学结构式

根据 GB 5009.82—2016《食品安全国家标准　食品中维生素 A、D、E 的测定》，采用高效液相色谱法测定试样中的维生素 A 含量。其原理为维生素 A 经皂化（含淀粉先用淀粉酶酶解）、提取、净化、浓缩后，通过 C30 或 PFP 反相液相色谱柱分离，紫外检测器或荧光检测器检测，外标法定量。

三、实验材料

1. 实验仪器

分析天平（感量为 0.01mg）、恒温水浴振荡器、旋转蒸发仪、氮吹仪、紫外分光光度计、分液漏斗、萃取净化振荡器、高效液相色谱仪。

2. 试剂耗材

无水乙醇（色谱纯）、抗坏血酸、氢氧化钾、石油醚（沸程为30～60℃）、无水硫酸钠、pH试纸（pH范围1～14）、甲醇（色谱纯）、淀粉酶（活性单位≥100U/mg）、2,6-二叔丁基对甲酚（BHT）、有机系过滤头（孔径为0.22μm）、维生素A标准品。

四、实验步骤

1. 试剂配制

（1）氢氧化钾溶液（50g/100g）：称取50g氢氧化钾，加入50mL水溶解，冷却后，储存于聚乙烯瓶中。

（2）石油醚-乙醚溶液（1+1）：量取200mL石油醚，加入200mL乙醚，混匀。

（3）维生素A标准储备溶液（0.5mg/mL）：准确称取25.0mg维生素A标准品，用无水乙醇溶解后，转移入50mL容量瓶中，定容至刻度，此溶液浓度约为0.5mg/mL。将溶液转移至棕色试剂瓶中，密封后，在-20℃下避光保存，有效期1个月。临用前将溶液回温至20℃，并进行浓度校正。

浓度校正具体操作如下：取视黄醇标准储备溶液50μL于10mL的棕色容量瓶中，用无水乙醇定容至刻度，混匀，用1cm石英比色杯，以无水乙醇为空白参比，测定325nm波长下的吸光度，试液中维生素A的浓度$X=5.45$（换算系数）$\times A$。

（4）维生素A标准系列工作溶液：分别准确吸取维生素A标准溶液储备液0.20mL、0.50mL、1.00mL、2.00mL、4.00mL、6.00mL于10mL棕色容量瓶中，用甲醇定容至刻度，该标准系列中维生素A浓度为0.20μg/mL、0.50μg/mL、1.00μg/mL、2.00μg/mL、4.00μg/mL、6.00μg/mL。临用前配制。

（5）流动相：甲醇：水=97：3，配制后0.45μm有机相滤膜过滤，脱气备用。

2. 试样制备

将一定数量的样品按要求经过缩分、粉碎均质后，储存于样品瓶中，避光冷藏，尽快测定。

3. 试样处理

警示：使用的所有器皿不得含有氧化性物质；分液漏斗活塞玻璃表面不得涂油；处理过程应避免紫外光照，尽可能避光操作；提取过程应在通风柜中操作。

（1）皂化　不含淀粉样品：称取2～5g（精确至0.01g）经均质处理的固体试样或50g（精确至0.01g）液体试样于150mL平底烧瓶中，固体试样需加入约20mL温水，混匀，再加入1.0g抗坏血酸和0.1g BHT，混匀，加入30mL无水乙醇，加入10～20mL氢氧化钾溶液，边加边振摇，混匀后于80℃恒温水浴震荡皂化30min，皂化后立即用冷水冷却至室温。皂化时间一般为30min，如皂化液冷却后，液面有浮油，需要加入适量氢氧化钾溶液，并适当延长皂化时间。

含淀粉样品：称取2～5g（精确至0.01g）经均质处理的固体试样或50g（精确至0.01g）液体样品于150mL平底烧瓶中，固体试样需用约20mL温水混匀，加入0.5～1g淀粉酶，放入60℃水浴避光恒温振荡30min后，取出，向酶解液中加入1.0g抗坏血酸和0.1g BHT，混匀，加入 30mL 无水乙醇、10~20mL 氢氧化钾溶液，边加边振摇，混匀后于 80℃ 恒温水浴振荡皂化 30min，皂化后立即用冷水冷却至室温。

（2）提取　将皂化液用 30mL 水转入 250mL 的分液漏斗中，加入 50mL 石油醚，振荡萃取 5min，将下层溶液转移至另一 250mL 的分液漏斗中，加入 50mL 的混合醚液再次萃取，合并醚层。

（3）洗涤　用约 100mL 水洗涤醚层，约需重复 3 次，直至将醚层洗至中性（可用 pH 试纸检测下层溶液 pH），去除下层水相。

（4）浓缩　将洗涤后的醚层经无水硫酸钠（约 3g）滤入 250mL 旋转蒸发瓶或氮气浓缩管中，用约 15mL 石油醚冲洗分液漏斗及无水硫酸钠 2 次，并入蒸发瓶内，并将其接在旋转蒸发仪或气体浓缩仪上，于 40℃ 水浴中减压蒸馏或气流浓缩，待瓶中醚液剩下约 2mL 时，取下蒸发瓶，立即用氮气吹至近干。用甲醇分次将蒸发瓶中残留物溶解并转移至 10mL 容量瓶中，定容至刻度，0.22μm 有机系滤膜过滤备用。

4. 测定

高效液相色谱仪操作过程见仪器说明书，附录 5 给出了一种常见高效液相色谱仪简明操作流程。

高效液相色谱仪按如下方法测定：

（1）色谱柱　C30 柱（柱长 250mm，内径 4.6mm，粒径 3μm）或相当者。

（2）柱温　40℃。

（3）流动相　甲醇：水 = 97：3。

（4）流速　0.8mL/min。

（5）紫外检测波长　325nm。

（6）进样量　10μL。

标准曲线制作：本法采用外标法定量。将维生素 A 系列工作溶液分别注入高效液相色谱仪中，测定相应的峰面积，以峰面积为纵坐标，以标准测定液浓度为横坐标绘制标准曲线，计算直线回归方程。

样品测定：流动相平衡仪器 30min 后，进样经高效液相色谱仪分析，测得峰面积，采用外标法通过上述标准曲线计算其浓度。在测定过程中，建议每测定 10 个样品用同一份标准溶液或标准物质检查仪器的稳定性。

5. 仪器清理

关闭紫外灯，使用流动相及甲醇分别清洗色谱柱 30min 后，关机，填写仪器使用记录。

6. 结果记录

试样中维生素 A（或维生素 E）的含量按式（1-9）计算：

$$X=\frac{\rho\times V\times f\times 100}{m} \tag{1-9}$$

式中　X——试样中维生素 A 的含量，μg/100g

ρ——根据标准曲线计算得到的试样中维生素 A 的浓度，μg/mL

V——定容体积，mL

f——换算因子（维生素 A：$f=1$；维生素 E：$f=0.001$）

100——试样中量以每 100 克计算的换算系数

m——试样的称样量，g

计算结果保留三位有效数字。

五、思考题

如何优化一个液相色谱方法？

实验十五 生物碱——茶叶中咖啡因的提取

一、实验目的

1. 掌握茶叶中提取咖啡因的基本原理和方法。
2. 掌握萃取回流、蒸馏、升华等基本操作。

二、实验原理

植物中的生物碱常以盐（能溶解于水或醇）的状态或以游离碱（能溶于有机溶剂）的状态存在。因此可根据生物碱与这些杂质在溶剂中的不同溶解度及不同的化学性质而加以分离。

咖啡因具有刺激心脏、兴奋大脑神经和利尿的作用，主要用作中枢神经兴奋药，它是复方阿司匹林等药物的组分之一。

茶叶中的生物碱均为黄嘌呤的衍生物，有咖啡因、茶碱、可可碱等，其中以咖啡因含量最多，为1%~5%，咖啡因弱碱性，易溶于氯仿（12.5%）、水（2%）、乙醇（2%）等。利用其溶解性可顺利将其从茶叶中提取出。

含结晶水的咖啡因为无臭、味苦的白色结晶，100℃时即失去结晶水，并开始升华，120℃时升华相当显著，至178℃时升华很快。无水咖啡因的熔点为234.5℃，因此可用升华的方法提纯咖啡因粗品。

三、实验材料

1. 实验仪器

恒压滴液漏斗、蒸馏装置、铁架台、蒸发皿、圆底烧瓶、沸石、玻璃漏斗、玻璃棒、烧杯、脱脂棉或纱布、酒精灯或电热套、滤纸等。

2. 实验试剂

95%乙醇：分析纯。

氧化钙：分析纯。

四、实验步骤

1. 粗提

在恒压滴液漏斗中垫一小团脱脂棉（或纱布），下端连接圆底烧瓶（装置见图1-12）。在圆底烧瓶中加入95%乙醇60mL和几粒沸石，称取干茶叶末5g，并将茶叶加到恒压滴液漏斗中，然后打开冷凝水，加热回流提取茶叶中的咖啡因。有回流后关闭漏斗的活塞，等液体充满后打开活塞，反复操作，连续抽提5~6次，将漏斗中提取的液体全部放入圆底烧瓶中，并用玻璃棒挤压茶叶至干燥，稍后冷却。

2. 浓缩

改成蒸馏装置，蒸馏回收大部分乙醇。将残留液全部倾入蒸发皿中，烧瓶用少量乙醇洗涤，洗涤液也倒入蒸发皿中，蒸发至余 3~4mL 溶剂，加入 4g 研细的氧化钙，搅拌均匀，用蒸汽浴加热，玻璃棒搅拌，蒸发至干燥，用小火继续加热，除去所有水分，冷却后，擦去粘在边上的粉末，以免升华时污染产物。

3. 纯化

将一张刺有许多小孔的圆形滤纸盖在蒸发皿上方，取一只大小合适的玻璃漏斗罩于其上，漏斗颈部疏松地塞一团脱脂棉（装置见图 1-13）。

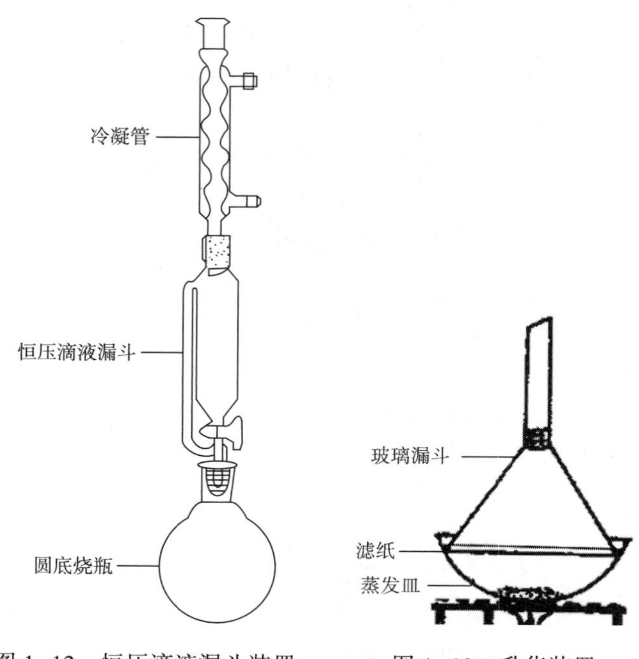

图 1-12　恒压滴液漏斗装置　　图 1-13　升华装置

用电热套小心加热蒸发皿，慢慢升高温度，使咖啡因升华，咖啡因通过滤纸孔遇到漏斗内壁凝为固体，附着于漏斗内壁和滤纸上。当纸上出现白色针状晶体时，暂停加热，冷却至 100℃左右，揭开漏斗和滤纸，仔细用小刀把附着于滤纸及漏斗壁上的咖啡因刮入表面皿中。称量，计算提取率。

4. 注意事项

（1）装茶叶时恒压滴液漏斗和圆底烧瓶口都要涂上凡士林。

（2）若恒压滴液漏斗内萃取液色较浅时，即可停止萃取。

（3）浓缩萃取液时不可蒸得太干，防止因残液很黏而难于转移造成损失。

（4）拌入氯化钙要均匀，氯化钙的作用除吸水外，还可中和除去部分酸性杂质（如鞣酸）。

（5）升华过程中要控制好温度。

（6）刮下咖啡因时要小心操作，防止混入杂质。

五、思考题

升华时为何要慢慢升高温度？

实验十六 挥发油——油樟精油的提取

一、实验目的

1. 了解和掌握精油提取的方法。
2. 根据实验结果计算出油率。

二、实验原理

植物芳香油的提取方法有蒸馏、压榨和萃取等，具体采用哪种方法提取精油要根据所用植物原料的特点来决定。

本实验所用材料为油樟，油樟为樟科常绿乔木，其根、木材、枝和叶均可提取油樟精油。油樟精油的主要成分为α-松油醇、β-松油醇、樟脑烯、柠檬烯和丁香油酚等。油樟精油几乎不溶于水，常温下为油状液体，且大多数比水轻，能随水蒸气蒸出，因此我们采用水蒸气蒸馏法进行油樟精油的提取。

水蒸气蒸馏法是植物芳香油提取的常用方法，其原理是利用水蒸气将挥发性较强、能随水蒸气蒸出而不被破坏且与水不发生反应又难溶于水的有效成分携带出来，形成油水混合物；冷却后，混合物又会重新分出油层和水层。根据蒸馏过程中原料放置的位置，可以将水蒸气蒸馏法划分为水中蒸馏、水上蒸馏和水汽蒸馏。

三、实验材料

1. 实验仪器

精油提取器、1000mL 蒸馏烧瓶、蒸馏头、尾接管、接收瓶、温度计套管、蛇形冷凝管、出入水管、温度计、注射器。

2. 实验试剂

NaCl：分析纯。

无水硫酸钠：分析纯。

四、实验步骤

1. 材料预处理

采集新鲜油樟叶，洗净并烘干，剪碎后备用。

2. 蒸馏

称取 50g 油樟碎叶于 1000mL 蒸馏烧瓶中，按照液料比 10∶1 比例加入蒸馏水。

首先将蒸馏烧瓶固定在电炉上（需垫上石棉网），接着按照从上到下、从左到右的顺序连接好整套蒸馏装置（装置见图 1-14），并确保其稳固且不漏气，注意使入水口在下，出水口在上。然后打开水龙头的阀门，控制水的流速为 3200mL/min。

打开电炉开关，先用低温进行预热，然后调节加热功率使温度计读数上升至 100℃，并保持该温度加热 60min。

蒸馏完毕后，关闭电炉开关，将蒸馏烧瓶移出水浴锅，继续保持通水冷凝 5min，使余温蒸馏出的气体继续得到冷凝。

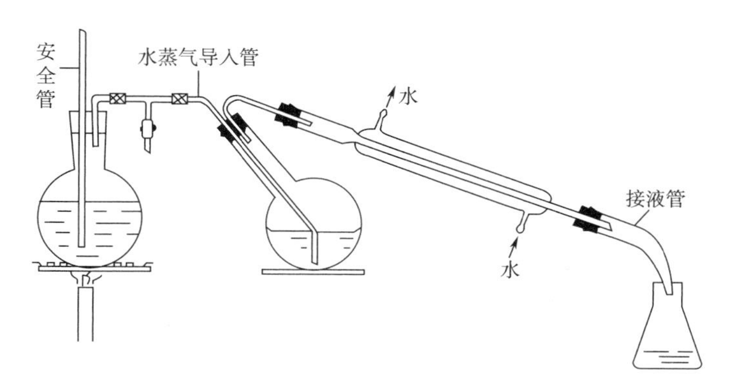

图 1-14　油樟挥发油蒸馏提取装置

3. 油樟精油的分离与提纯

收集到的馏出液体为油水混合物，根据获得馏出液的体积，加入 NaCl 固体适量，使 NaCl 质量分数大致为 10%。由于 NaCl 固体溶于水层，较高浓度的 NaCl 溶液使水层加重而易与较轻的油层分离。但由于精油含量很少，分层现象不明显，因此只能用注射器小心的吸取上层的精油，将其转移到离心管中，以减少精油的蒸发。

最后向获得的油层中加入适量无水硫酸钠，吸取油层中未除尽的水，再将除水后的精油转移到已知质量的另一干净离心管中，计算出油率，并记录下数据。

4. 计算结果

油樟叶精油出油率计算如式（1-10）所示：

$$\text{香樟叶的出油率（\%）} = \frac{\text{油樟叶精油质量}}{\text{油樟原料质量}} \times 100\% \tag{1-10}$$

5. 注意事项

（1）注意控制水流速度。

（2）注意一有精油出来就用注射器吸走上面漂浮的油状物，防止挥发。

（3）注意控制温度和时间。

五、思考题

1. 在油樟精油的提取过程中，为什么冷凝管中会出现白色物质？
2. 如果白色物质过多会出现什么情况？

实验十七　总黄酮——植物叶片总黄酮的提取

一、实验目的

1. 掌握植物总黄酮提取方法。

2. 熟悉分光光度法测定总黄酮含量的基本原理及操作。

二、实验原理

黄酮类化合物是植物重要的次级代谢产物，广泛存在于多种植物中。黄酮类化合物具有苯并-γ-吡喃酮母核，根据结构的不同，可分为黄酮类、黄酮醇类、异黄酮类、黄烷醇类和花色素类等类型。研究证明，黄酮类化合物具有免疫调节、抗氧化、抗肿瘤、抑菌和抗病毒等活性。

黄酮类化合物的提取方法包括溶剂浸提、微波提取、超临界萃取、酶法提取、超声波辅助提取等。超声波辅助提取法是利用超声波的机械效应、空化效应、乳化效应和热效应等使植物细胞壁破裂。瞬时的破裂过程有利于植物中有效成分的释放与溶出，并维持有效成分的结构及生物活性，提高了有效成分的溶出率、提取率和原料的利用率。

在中性或弱碱性条件下，黄酮类化合物可与亚硝酸钠发生氧化还原反应，经硝酸铝络合，加入氢氧化钠溶液使黄酮类化合物开环，生成2-羟基查耳酮，显红橙色，在510nm波长处有吸收峰。在一定浓度范围内，其吸收度与黄酮类化合物的含量成正比，符合朗伯比尔定律。一般与芦丁标准系列比较定量。

本实验以植物叶片为原料，采用超声波辅助提取法提取叶中总黄酮，并测定总黄酮的含量。

三、实验材料

1. 实验仪器

超声波清洗器、可见分光光度计、分析天平、干燥箱、高速粉碎机。

2. 实验试剂

70%乙醇。

0. 05g/mL亚硝酸钠溶液：称取2. 5g亚硝酸钠于烧杯中，用蒸馏水溶解，转入50mL容量瓶中，加蒸馏水定容至刻度。

0. 1g/mL硝酸铝溶液：称取5g硝酸铝于烧杯中，用蒸馏水溶解，转入50mL容量瓶中，加蒸馏水定容至刻度。

0. 04g/mL氢氧化钠溶液：称取2g氢氧化钠于烧杯中，用蒸馏水溶解，转入50mL容量瓶中，加蒸馏水定容至刻度。

1. 0mg/mL芦丁标准品储备液：精密称取经干燥至恒重的芦丁标准品100mg，加入无水乙醇溶解，并定容至100mL容量瓶，摇匀。

0.2mg/mL 芦丁标准品使用液：吸取芦丁标准品储备液 20mL 至 100mL 容量瓶中，加入无水乙醇至刻度线定容，摇匀。

四、实验步骤

1. 材料预处理

取新鲜或干燥的银杏叶，水洗，于 60℃烘干。使用高速粉碎机粉碎，粉末通过 40 目筛备用。

2. 总黄酮提取

称取叶片粉末 2g 于三角瓶中，加入 60mL 70%乙醇，充分摇匀。将摇匀样品置于超声波清洗器中超声浸提 1h。浸提中，每隔 10min 摇匀样品液 1 次。提取完毕后，使用滤纸过滤提取液至容量瓶，用少量 70%乙醇冲洗滤纸和三角瓶。冷却后，使用 70%乙醇定容至 100mL。

3. 标准曲线的绘制

吸取芦丁对照品 0、1.0、2.0、3.0、4.0、5.0mL 至 10mL 容量瓶中。加入 0.05g/mL 亚硝酸钠溶液 0.30mL，摇匀，静置 6min。加入 0.1g/mL 硝酸铝溶液 0.30mL 摇匀，静置 6min。加入 0.04g/mL 氢氧化钠溶液 4.0mL，用 70%乙醇稀释至刻度线，摇匀，静置 12min。以本底空白溶液调零，于波长 510nm 处测定吸光度值。以芦丁质量浓度为横坐标，吸光度为纵坐标，绘制标准曲线。

4. 总黄酮含量测定

精密吸取样品液 0.50mL 置 10mL 容量瓶中，加入 0.05g/mL 亚硝酸钠溶液 0.30mL，摇匀，静置 6min。加入 0.1g/mL 硝酸铝溶液 0.30mL 摇匀，静置 6min。加入 0.04g/mL 氢氧化钠溶液 4.0mL，用 70%乙醇稀释至刻度线，摇匀，静置 12min。以本底空白溶液调零，于波长 510nm 处测定吸光度值。根据标准曲线或回归方程求出试样溶液的总黄酮质量浓度。

5. 总黄酮含量计算

$$X=\frac{C\times V}{W\times 1000}\times 100\% \tag{1-11}$$

式中　X——叶片中总黄酮含量，以芦丁的质量分数计，%

C——由标准曲线计算得出的提取试样中总黄酮质量浓度，mg/mL

V——提取试样的体积，mL

W——叶片的质量，g

6. 注意事项

（1）芦丁标准使用液，浓度较低，宜现配现用。

（2）称量芦丁标准品时需用精确度 0.1mg 电子天平，称量中注意天平的稳定。

五、思考题

1. 黄酮类化合物定量方法还有哪些？
2. 黄酮含量较高的植物有哪些？

第二章　微生物学实验

实验一　微生物培养技术——无菌技术及培养基的制备

一、实验目的

1. 了解培养基配制的原理，并掌握配制培养基的一般方法和步骤。
2. 学习几种常用培养基的配制、分装和灭菌的操作方法。
3. 熟悉微生物实验所需的各种常用器皿名称和规格。
4. 了解高压蒸汽灭菌锅的结构、使用方法和操作要点。

二、实验原理

1. 培养基配制

微生物生长需要的六大营养元素包括碳源、能源、氮源、维生素、无机盐、水。实验室采用多种物质制备符合不同微生物生长要求的培养基：常用碳源及能源有葡萄糖、蔗糖、淀粉等；常用氮源包括蛋白胨、牛肉膏、酵母粉等；维生素及无机盐均可由天然材料提供；琼脂因其96℃熔化、40℃左右凝固，且不被微生物利用，常用于制作固体培养基的固化载体。

2. 高压蒸汽灭菌

由于培养基营养丰富，制备过程中环境及材料中混入的杂菌容易在其中生长，消耗营养，产生代谢废物，影响目标微生物的生长，因此需要灭菌后才能使用。高压蒸汽灭菌法（其使用设备见图 2-1）是实验室最常用的灭菌方式，在 121℃、0. 103MPa 条件下足以杀死细菌芽孢，但多种方式可影响灭菌效果，包括灭菌时间、杂菌数量、灭菌体积、材质等，同时还需要控制灭菌条件，使培养基中的营养物质不因为高温而遭到破坏，如高糖培养基通常采用 115℃ 灭菌 30min，足以达到 121℃ 灭菌 20min 的效果。

高压蒸汽灭菌法采用的高压蒸汽灭菌器装置严密，输入蒸汽不外逸，温度随蒸汽压力增高而升高，当压力增至 103~206kPa 时，温度可达 121. 3~132℃。高压蒸汽灭菌法就是利用高压和高热释放的潜热进行灭菌，为目前可靠而有效的灭菌方法。适用于耐高温、高压，不怕潮湿的物品，如敷料、手术器械、药品、细菌培养基等。高压蒸汽灭菌法的关键是为热的传导提供良好条件，而其中最重要的是使冷空气从灭菌器中顺利排出。因为冷空气导热性差，阻碍蒸汽接触欲灭菌物品，并且还可降低蒸汽分压使之不能达到应有的温度。

微生物培养所需的器材，如培养皿、移液器、吸头等也需要灭菌。为了灭菌后仍保持无菌状态，各种玻璃器皿均需包扎。

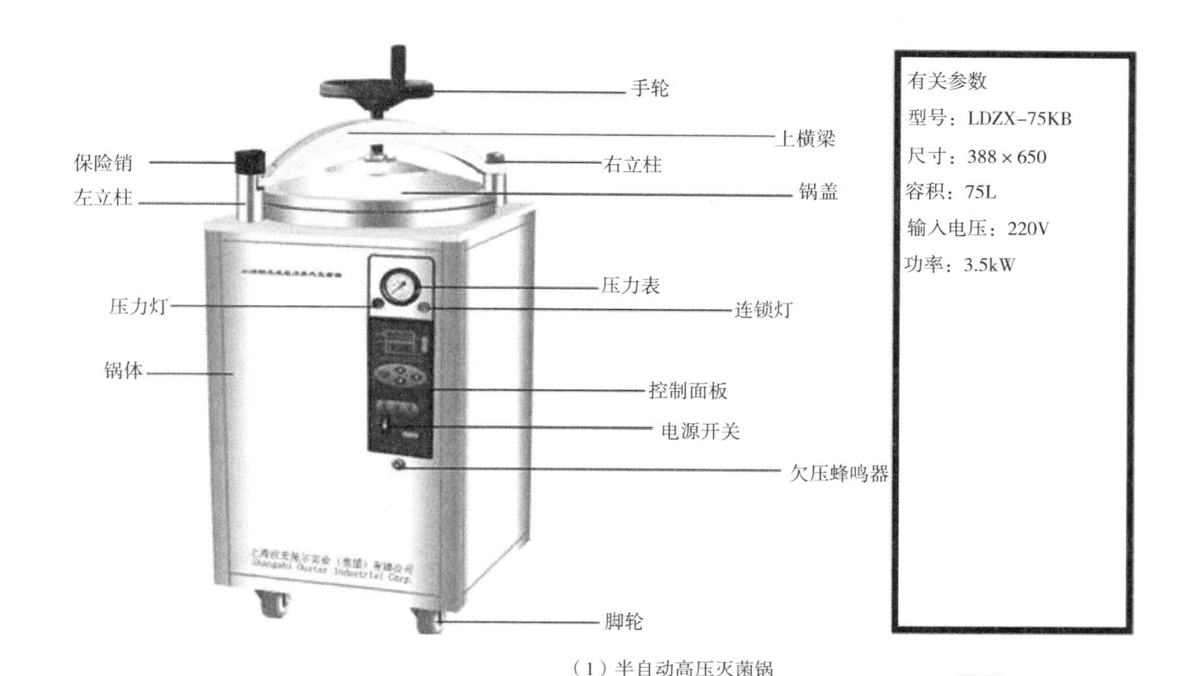

（1）半自动高压灭菌锅

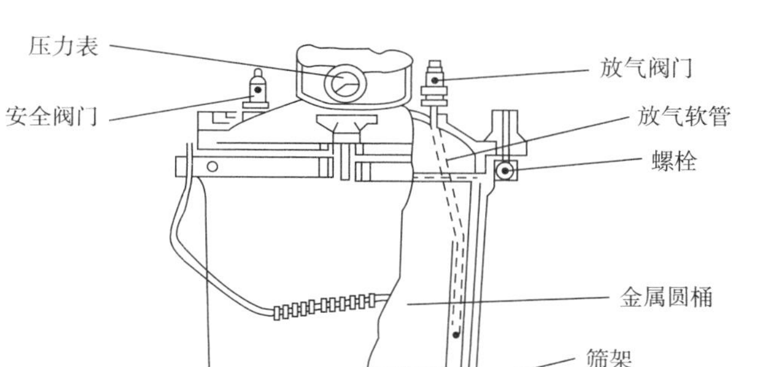

（2）手提式高压灭菌锅

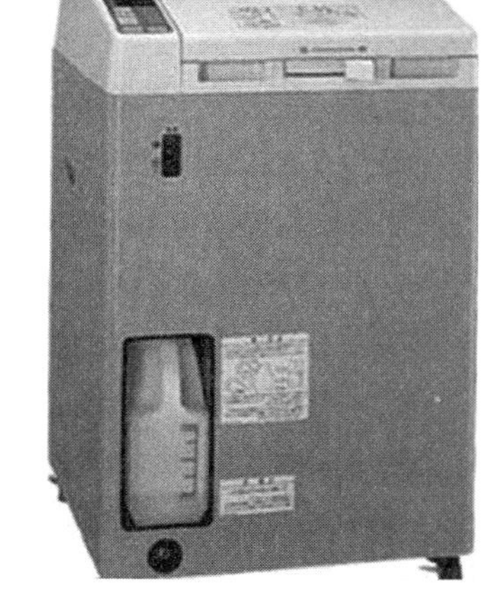

（3）全自动高压灭菌锅

图 2-1　实验室常见高压灭菌锅

试管和三角瓶：试管和三角瓶都需要合适的棉花塞。棉花塞的作用是起过滤作用，避免空气中的微生物进入试管或三角瓶。棉花塞的制作要求使棉花塞紧贴玻璃壁，没有皱纹和缝隙，不能过松，过松易掉落和污染，过紧易挤破管口和不易塞入。棉花塞的长度不少于管口直径的二倍，约 2/3 塞进管口。若干支管（一般为 7 支试管包扎一捆）用绳子扎在一起，在棉花塞部分外包，油纸或牛皮纸再在纸外用绳扎紧。三角瓶每个单独用报纸或牛皮纸包扎棉塞或硅胶塞，也可用封口膜直接包扎。

培养皿：洗净烘干后每 10 套叠在一起，用牢固的纸卷成一筒，外面用绳子捆扎，以免散开，然后进行灭菌，也可用培养皿盒装好直接灭菌，到使用时在无菌室中才打开取出培养皿。

吸管：洗净烘干后的吸管，在口吸的一端用尖头镊子或针塞入少许脱脂棉花，以防止菌体误吸入口中，以及口中的微生物吸入吸管而进入培养物中造成污染。塞入棉花的量要适宜，棉花不宜露在吸管口的外面，多余的棉花可用酒精灯的火焰把它烧掉。每支吸管用一条宽4~5cm，以45°左右的角度螺旋形卷起来，吸管的尖端在头部，吸管的另一端用剩余纸条叠打结，不使散开，标上容量。若干支吸管扎成一束，灭菌后，同样要在使用时才从吸管中间拧断纸条抽去吸管。

吸头：装满吸头盒后用报纸包扎灭菌。

离心管：烧杯装好，烧杯口用报纸包扎。

高压蒸汽灭菌的注意事项如下。

第一，无菌包不宜过大（小于50cm×30cm×30cm），不宜过紧，各包裹间要有间隙，使蒸汽能对流易渗透到包裹中央。消毒前，打开贮槽或盒的通气孔，有利于蒸汽流通。而且排气时使蒸汽能迅速排出，以保持物品干燥。消毒灭菌完毕，关闭贮槽或盒的通气孔，以保持物品的无菌状态。

第二，布类物品应放在金属类物品上，否则蒸汽遇冷凝聚成水珠，使包布受潮。阻碍蒸汽进入包裹中央，严重影响灭菌效果。

第三，定期检查灭菌效果。经高压蒸汽灭菌的无菌包、无菌容器有效期以1周为宜。

高压蒸汽灭菌效果的监测有以下三种方法。

（1）工艺监测（又称程序监测）　根据安装在灭菌器上的量器（压力表、温度表、计时表）、图表、指示针、报警器等，指示灭菌设备工作正常与否。此法能迅速指出灭菌器的故障，但不能确定待灭菌物品是否达到灭菌要求。此法作为常规监测方法，每次灭菌均应进行。

（2）化学指示监测　利用化学指示剂在一定温度与作用时间条件下受热变色或变形的特点，以判断是否达到灭菌所需参数。常用的有如下两种。

①自制测温管：将某些化学药物的晶体密封于小玻璃管内（长2cm，内径1~2mm）制成。常用试剂有苯甲酸（熔点121~123℃）等。灭菌时，当湿度上升至药物的熔点，管内的晶体即熔化；其后，虽冷却再凝固，其外形仍可与未熔化的晶体相区别，此法只能指示温度，不能指示热持续时间是否已达标，因此是最低标准。主要用于各物品包装的中心情况的监测。

②压力灭菌指示胶带：此胶带上印有斜形白色指示线条图案，是一种贴在待灭菌的无菌包外的特制变色胶纸。其粘贴面可牢固地封闭敷料包、金属盒或玻璃物品，在121℃经20min，130℃经4min灭菌后，胶带100%变色（条纹图案即显现黑色斜条）。压力灭菌指示胶带既可用于物品包装表面情况的监测，又可用于对包装中心情况的监测，还可以代替别针，夹子或带子使用。

（3）生物指示剂监测　利用耐热的非致病性细菌芽孢作指示菌，以测定热力灭菌的效果。菌种用嗜热脂肪杆菌，本菌芽孢对热的抗力较强，其热死亡时间与病原微生物中抗力最强的肉毒杆菌芽孢相似。生物指示剂有芽孢悬液、芽孢菌片以及菌片与培养基混装的指示管。检测时应使用标准试验包，每个包中心部位生物指示剂 2 个，放在灭菌柜室的 5 个点，即上、中层的中央各一个点，下层的前、中、后各一个点。灭菌后，取出生物指示剂，接种于溴甲酚紫葡萄糖蛋白胨水培养基中，置 55～60℃温箱中培养 48h 至 7d，观察最终结果。若培养后颜色未变，澄清透明，说明芽孢已被杀灭。达到了灭菌要求。若变为黄色混浊，说芽孢未被杀灭，灭菌失败。

3. 超净工作台的使用

通常，添加琼脂制备的固体培养基灭菌后需冷至 40～50℃，再倒入培养皿使之凝固后使用，倒平板的操作需要在超净工作台上进行。超净工作台是微生物实验室的必备仪器，主要用于提供相对无菌的环境，保证微生物的相关操作在无菌条件下进行，其结构及原理如图 2-2 所示，即利用无菌过滤装置过滤空气中的微生物，制备无菌空气，并使之充满在工作区内，形成相对无菌的空间。

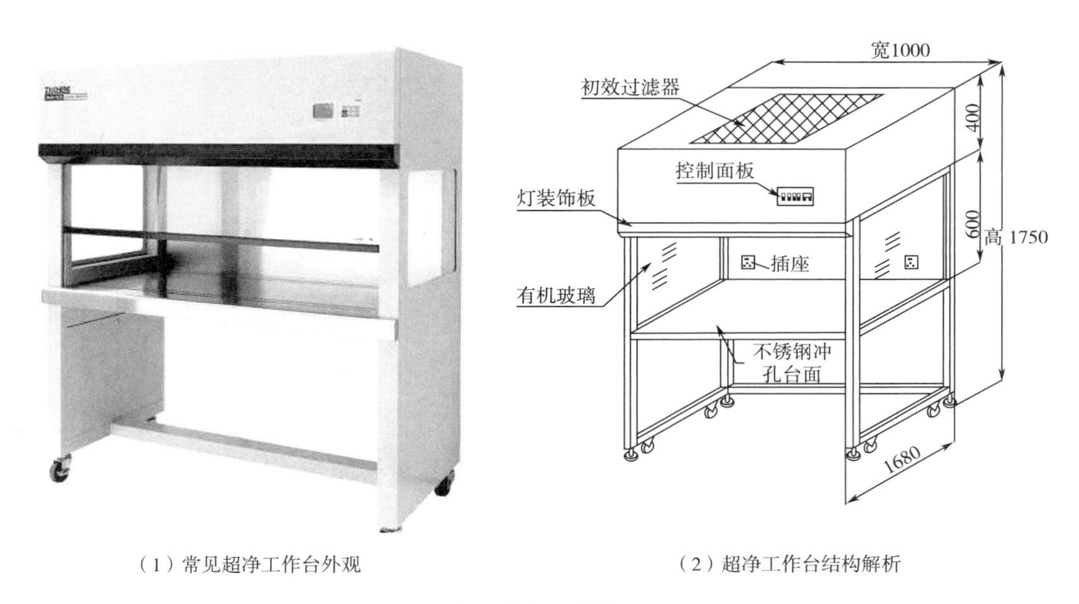

（1）常见超净工作台外观　　（2）超净工作台结构解析

图 2-2　超净工作台的结构及原理

三、实验材料

1. 药品试剂

可溶性淀粉、KNO_3、$K_2HPO_4 \cdot 3H_2O$、$MgSO_4 \cdot 7H_2O$、$FeSO_4 \cdot 7H_2O$、1mol/L NaOH、琼脂、牛肉膏、蛋白胨、NaCl、马铃薯等。

2. 仪器设备

电子天平、高压蒸汽灭菌锅、干燥箱、超净工作台、电磁炉、冰箱等。

3. 其他材料

试管、三角瓶、烧杯、量筒、漏斗、玻棒、天平、药匙、pH 试纸（5.5～9.0）、棉花、牛皮纸、记号笔、麻绳、纱布、培养皿等。

四、实验步骤

1. 培养基的制备与分装

（1）称量　按培养基配方（见附录1）比例依次准确地称取药品。可溶性淀粉先用少量热水溶化后再加入其他成分，补足所需水分，混匀后加入琼脂。

（2）溶化　在沸水浴锅中加热溶化，琼脂需充分溶化，肉眼无可见的固体悬浮物。

（3）调 pH　用 1mol/L NaOH 调 pH 至 7.4~7.6。

（4）过滤　如配制的培养基中含有不能完全溶化的物质，需趁热用多层纱布过滤；配制 PDA 培养基时也需要先过滤马铃薯块的煮沸液得到清液后，再按配方配制。

（5）分装　将溶化的固体培养基趁热加至漏斗上，装试管时，注意管口不要沾上培养基。液体分装，其装量不超过试管的 1/4；固体分装，其装量不超过试管的 1/5，分装三角瓶的量不超过三角瓶容积的一半；半固体分装，其装量为试管的 1/3，灭菌后垂直待凝。

（6）加塞　培养基分装完毕后，在试管口或三角瓶口塞上棉塞或硅胶塞，三角瓶上还可以直接用透气封口膜包扎，以阻止外界微生物进入培养基内而造成污染，并保证有良好的通气性能，然后包扎一层牛皮纸。试管应先捆成一捆后再于棉塞外包扎牛皮纸，贴上标签，注明培养基名称、日期、组别。

（7）所有配好的培养基放入 4℃ 冰箱保存。

2. 器皿包扎

注意不要遗漏。

3. 高压蒸汽灭菌操作方法

（1）打开电源，检查水位　打开电源，检查灭菌锅水位是否低于支架（手提式灭菌锅）或是否报警（自动灭菌锅），如水位过低，向灭菌锅内加入软水，自动排气的灭菌锅还需检查接收桶水位是否在适宜范围内。

（2）装入灭菌物品　将用试管分装好的培养基、把包装好的培养皿等玻璃器械放入灭菌器内。

（3）排气、灭菌　对手提式或半自动灭菌锅，将盖子上的排气软管插于铝桶内壁的方管中；盖好盖子，拧紧螺丝，勿使漏气；锅下加热，打开排气阀门，放出冷空气（一般在水沸后排气 10~15min），关闭放气阀门，使压力逐渐上升至 103kPa，温度达 121.3℃，维持 20min 后，排气至“0”时，慢慢打开盖子。如果突然开盖，冷空气大量进入，蒸汽凝成水滴，使物品潮湿，且玻璃类易发生爆裂。

对自动灭菌锅，选择程序，点启动开始灭菌，灭菌结束后方可打开盖子。

4. 倒平板、摆斜面

（1）灭菌完毕，将试管培养基冷却至 50℃ 左右，将试管棉塞置于玻棒（或木棍）上，摆成斜面，摆置的斜面长度以不超过试管总长度的一半为宜。

（2）在超净工作台上将三角瓶中无菌培养基倒入无菌培养皿中，每皿约 15mL，或铺满皿底 3~5mm 厚，倒入后平铺放置，冷凝后方可移动、叠放。

（3）将灭菌的培养基放入 37℃的温室中培养 24~48h，以检查灭菌是否彻底。

（4）将培养基放入 4℃冰箱保存备用，保存期不宜超过 7d。

五、思考题

1. 培养基配好后，为什么必须立即灭菌？如何检查灭菌后的培养菌是无菌的？
2. 管口、瓶口为什么要用棉塞？能否用木塞或橡皮塞代替？为什么？

实验二　微生物培养技术——分离纯化

一、实验目的

1. 了解微生物分离和纯化的原理。
2. 掌握常用的分离纯化微生物的方法。

二、实验原理

从混杂微生物群体中获得只含有某一种或某一株微生物的过程称为微生物分离与纯化。平板分离法普遍用于微生物的分离与纯化。其基本原理是选择适合于待分离微生物的生长条件，如营养成分、酸碱度、温度和氧等要求，或加入某种抑制剂造成只利于该微生物生长，而抑制其他微生物生长的环境，从而淘汰一些不需要的微生物。

微生物在固体培养基上生长形成的单个菌落，通常是由一个细胞繁殖而成的集合体，因此可通过挑取单菌落而获得一种纯培养。获取单个菌落的方法可通过稀释涂布平板或平板划线等技术完成。值得指出的是，从微生物群体中经分离生长在平板上的单个菌落并不一定保证是纯培养。因此，纯培养的确定除观察其菌落特征外，还要结合显微镜检测个体形态特征后才能确定，有些微生物的纯培养要经过一系列分离与纯化过程和多种特征鉴定才能得到。

将微生物的培养物或含有微生物的样品移植到培养基上的操作技术称之为接种。接种是微生物实验及科学研究中的一项最基本的操作技术。无论微生物的分离、培养、纯化或鉴定以及有关微生物的形态观察及生理研究都必须进行接种。接种的关键是要严格地进行无菌操作，如操作不慎引起污染，则实验结果就不可靠，影响下一步工作的进行。常用的微生物接种工具见图 2-3。

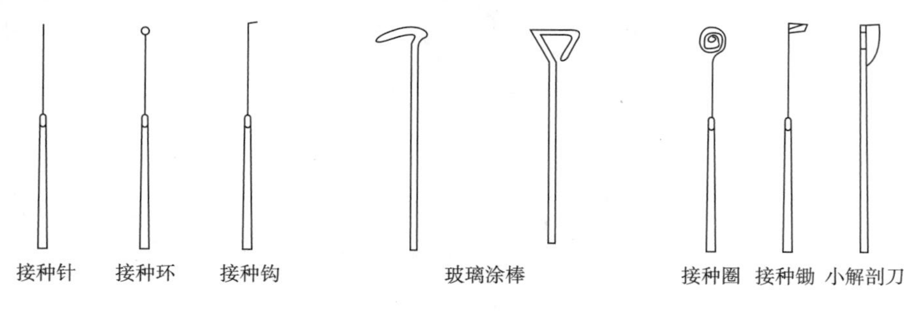

图 2-3　常用的微生物接种工具

液体样品接种到固体培养基可采用移液器吸取 0.1～1mL 样品于培养皿中间，然后涂布的方法也可以采用接种针蘸取少量液体在固体平板上分区域划线的方法，后者容易得到单菌落；液体样品接种到液体培养基中可采用移液器吸取的方法直接添加到液体培养基中；固体样品接种到液体或固体培养基中常采用接种针蘸取少量菌体直接加入或划线的方法接种。

本实验将采用不同的培养基，从自选样品中分离不同类型的微生物并分类进行纯化。

三、实验材料

1. 样品

自选样品。

2. 仪器设备

高压蒸汽灭菌锅、超净工作台、电磁炉、培养箱等。

3. 试剂耗材

（1）牛肉膏蛋白胨琼脂培养基、YPD 培养基（酵母培养基）、马铃薯琼脂培养基、ISP2 培养基（用于放线菌发酵）、高氏 1 号琼脂培养基。

（2）制霉菌素、盐酸土霉素或链霉素、放线菌酮、丙酸钠。

（3）盛 9mL 无菌水的试管、盛 90mL 无菌水并带有玻璃珠的三角烧瓶。

（4）无菌玻璃涂棒、无菌吸管、接种环、无菌培养皿、硅胶塞、牛皮纸、棉绳、移液器等。

四、实验步骤

1. 倒平板

将牛肉膏蛋白胨琼脂培养基、高氏 1 号琼脂培养基、马铃薯琼脂培养基加热熔化待冷至 55~60℃时，牛肉膏蛋白胨琼脂培养基及 ISP2 培养基加入制霉菌素溶液数滴（终浓度为 30μg/mL）及丙酸钠（终浓度 1g/L），马铃薯琼脂培养基及 YPD 培养基中加入盐酸土霉素溶液（终浓度为 30μg/mL），混合均匀后分别倒平板备用。

2. 制备样品稀释液

称取样品 10g，放入盛 90mL 无菌水并带有玻璃珠的三角烧瓶中，振摇约 20min，使样品与水充分混合，将细胞分散。用 1mL 无菌吸头吸取 1mL 样品悬液加入盛有 9mL 无菌水的大试管中充分混匀，然后用无菌吸管从此试管中吸取 1mL 加入另一盛有 9mL 无菌水的试管中，混合均匀，以此类推制成 10^{-1}、10^{-2}、10^{-3}、10^{-4}、10^{-5}、10^{-6} 不同稀释度的溶液。操作过程中需要注意：操作时吸头不能接触液面，每一个稀释度均需更换吸头。

3. 涂布分离

将上述每种培养基的三个平板底面分别用记号笔写上 10^{-4}、10^{-5} 和 10^{-6} 三种稀释度，然后用无菌吸管分别由 10^{-4}、10^{-5} 和 10^{-6} 三管样品稀释液中各吸取 0.1mL 或 0.2mL，小心地滴在对应平板培养基表面中央位置。用无菌玻璃涂棒平放在平板培养基表面上，将菌悬液先沿同心圆方向轻轻地向外扩展（图 2-4），使之分布均匀。

涂布接种后的平皿均需在室温下静置 5~10min，使菌液浸入培养基。

4. 培养观察

将马铃薯琼脂培养基、高氏 1 号琼脂培养基和 YPD 培养基平板倒置于 28℃ 培养箱中培养，直至长出单菌落，一般 YPD 培养基上长出酵母需要 1~3d，马铃薯琼脂培养基上长出真菌需要 2~5d，ISP2 培养基上长出放线菌需要 3~7d，牛肉膏蛋白胨琼脂培养基平板倒置于 37℃培养箱中培养 2~3d，其上长出细菌需要 1~2d。每隔 24h 观察平板菌落生长情况，记录菌落数并拍照。

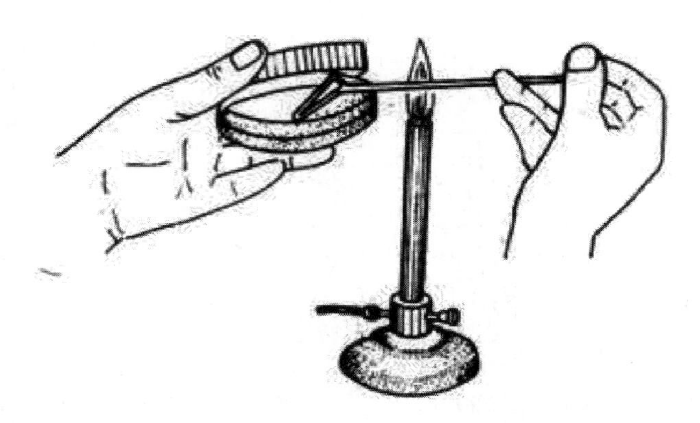

图 2-4　涂布接种操作

对各类平板菌落进行观察。介绍细菌、酵母、霉菌、放线菌的基本菌落特征以及在第一次分离的平板上哪一些菌落可以挑取，哪一些不能挑取。

5. 划线纯化

将培养后长出的符合要求的单个菌落分别挑取少许细胞接种到上述四种培养基平板上，用接种针直接蘸取单菌落分区划线（图 2-5），注意划线时接种针须倾斜 45°左右，动作轻，避免划破培养皿表面，且每次划线后均须将接种针灼烧灭菌后再进行下一次划线，以使样品在培养皿上得到稀释，实现纯化的目的。划线结束后将四种培养基分别置于 28℃和 37℃温室中培养。若发现有杂菌，需再一次进行分离、纯化，直到获得纯培养。

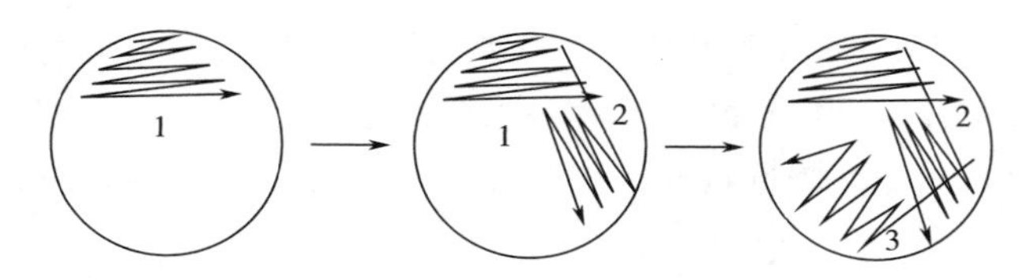

图 2-5　划线接种示意图

五、思考题

1. 欲分离真菌、细菌、酵母，分别可采用何种抗生素抑制其他微生物生长？浓度范围是多少？
2. 培养基分离一种对青霉素具有抗性的细菌，你认为应该如何做？
3. 如何确定平板上某单个菌落是否为纯培养？请写出实验的主要步骤。

实验三　微生物培养技术——培养特征观察

一、实验目的

1. 熟悉常见微生物的菌落形态。

2. 通过微生物菌落形态观察来识别细菌、酵母菌、放线菌和霉菌等四大类微生物。

二、实验原理

区分和识别各大类微生物，通常不外乎包括菌落形态（群体形态）和细胞形态（个体形态）等两方面观察。细胞的形态构造是群体形态的基础，群体形态则是无数细胞形态的集中反映，故每一大类微生物都有一定的菌落特征，即它们在形态、大小、色泽、透明度、致密度和边缘等特征上都有所差异，一般根据这些差异就能识别大部分菌落。

（1）关于菌落形态的描述包括如下几项。

菌落形状大小：圆形？不规则形？边缘是否整齐？菌落直径多少（mm）？

表面：光泽度？光滑？粗糙？皱褶？

质地：黏稠？奶酪状？难挑起？容易挑起？透明？半透明？不透明？

颜色：正面颜色？背面颜色？颜色是否均一？

（2）常见微生物的菌落特征如下。

细菌：湿润，黏稠，易挑起。

放线菌：干燥，多皱，难挑起，菌落较小，多有色素。

酵母菌：湿润，黏稠，易挑起，表面光滑，比细菌的菌落大而厚。

霉菌：菌丝细长，菌落疏松，成绒毛状、蜘蛛网状、棉絮状，无固定大小，多有光泽，不易挑起。

三、实验材料

1. 样品

青霉（*Penicillium*）、曲霉（*Aspergillus*）、毛霉（*Mucor*）、根霉（*Rhizopus*）、链霉菌（*Streptomyces*）等属以及酿酒酵母（*Saccharomyces cerevisiae*）、枯草芽孢杆菌（*Bacillus subtilis*）的培养物。

上次分离纯化所得的细菌菌落、霉菌菌落、酵母菌落及放线菌菌落。

2. 仪器设备

高压蒸汽灭菌锅、超净工作台、电磁炉、培养箱、冰箱等。

3. 试剂耗材

青霉、曲霉、毛霉、根霉、酿酒酵母、枯草芽孢杆菌、链霉菌菌株。

马铃薯（PDA）培养基、酵母膏蛋白胨（YPD）培养基、营养琼脂（NA）培养基、链霉菌 2 号（ISP2）培养基、培养皿等。

四、实验步骤

1. 常见工业微生物的接种培养

配制马铃薯琼脂培养基、酵母膏蛋白胨培养基、营养琼脂培养基、链霉菌 2 号培养基，并倒平板，分别接种青霉、曲霉、毛霉、根霉、酿酒酵母、枯草芽孢杆菌、链霉菌菌株。酿酒酵母、细菌采用划线接种，丝状真菌或放线菌采用倒置培养皿悬空点接法（图 2-6），扩展性的丝状真菌可在倒置的培养皿中间点接 1 个点或 3 个点，菌落较小的丝状真菌或放线菌可点接 3~5 个点。

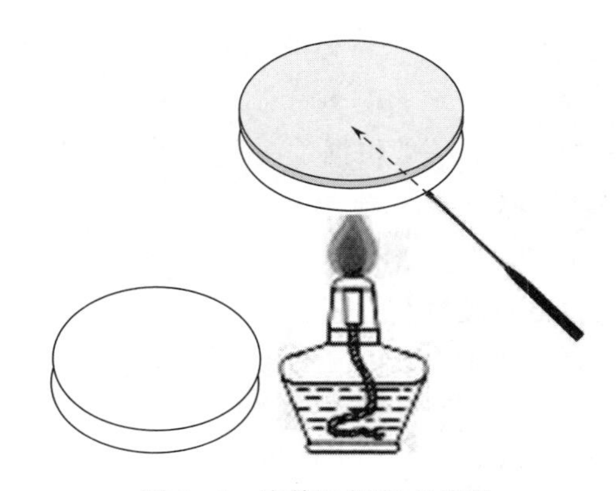

图 2-6 培养皿倒置点接种

2. 常见工业微生物菌落形态观察及形态描述

（1）酵母菌 观察典型酵母菌落。

（2）细菌 观察大肠杆菌、金黄色葡萄球菌或枯草杆菌等典型细菌菌落。

（3）放线菌 观察链霉菌菌落。

（4）霉菌 观察曲霉、青霉、毛霉、根霉的菌落。

列表比较上述观察结果，并总结四大类微生物的基本特征。

3. 分离所得微生物菌落形态观察

观察自己分离的微生物，通过已知菌株比较，分别选择霉菌、细菌、酵母菌、放线菌菌落各 1 个，详细描述、记录其形态特征。

五、思考题

1. 不同微生物是否可能具有相同菌落形态？
2. 形态相同的菌落是否可判定为同种微生物？

实验四　微生物培养技术——菌种保藏

一、实验目的

1. 了解菌种保藏的基本原理。
2. 掌握几种常用的菌种保藏方法。

二、实验原理

菌种是一种重要的生物资源，菌种保藏是重要的微生物基础工作。菌种保藏就是利用一切条件使菌种不死、不衰、不变，以便于研究与应用。菌种保藏的方法很多，其原理却大同小异，不外乎为优良菌株创造一个适合长期休眠的环境，即干燥、低温、缺乏氧气和养料等。使微生物的代谢活动处于最低的状态，但又不至于死亡，从而达到保藏的目的。依据不同的菌种或不同的需求，应该选用不同的保藏方法。常用保藏方法包括以下九种。

1. 斜面保藏法

将需要保藏的菌种接种在适宜的斜面培养基上，适温培养，当菌丝健壮地长满斜面时取出，放在3~5℃低温干燥处或4℃冰箱、冰柜中保藏，每隔4~6个月时间移植转管一次，具体应根据菌种特性决定。保藏时要注意环境温度不能太高，以防霉菌通过棉塞进入管内。因此，若用棉塞，可用干净的硫酸纸或牛皮纸包扎棉塞，既可减少污染的机会，也可防止培养基干燥。

2. 甘油管保藏法

将菌悬液与50%的甘油等比例混合，-20℃以下保存。适宜用于细菌及酵母的保存。

3. 液体石蜡保藏法

取化学纯液体石蜡（要求不含水分、不霉变，也称石蜡油）装于三角瓶中加棉塞并包纸，在0.1MPa下灭菌1h，再放入40℃恒温箱中数天，以蒸发其中水分，至石蜡油完全透明为止。将处理好的石蜡油移接在空白斜面上，28~30℃下培养2~3d，证明无杂菌生长方可使用。然后用无菌操作的方法把液体石蜡注入待保藏的斜面试管中。注入量应高出培养基斜面1~1.5cm，塞上橡皮塞，用固体石蜡封口，直立于低温干燥处保藏。保藏时间在一年以上，在低温下，保藏时间还可延长。

4. 沙土管保藏法

取河沙用水浸泡洗涤数次，过60目筛除去粗粒，再用10%盐酸浸泡2~4h，除去其中有机物质，再用水冲洗至流水的pH达到中性，烘干备用。同时取贫瘠土或菜园土用水浸泡，使呈中性，沉淀后弃去上清液，烘干碾细，用100目筛子过筛，将处理好的沙与土以（2~4）：1混匀，用磁铁吸出其中的铁质，然后分装小试管或安瓿内，每管装量0.5~2g，塞棉塞，用纸包扎灭菌（0.1MPa，1h），再干热灭菌（160℃，2~3h）1~2次，进行无菌检验，合格后使用。将已形成孢子的斜面菌种，在无菌条件下注入无菌水3~5mL，刮菌苔，制成菌悬液，再用无菌吸管吸取菌液滴入沙土管中，以浸透沙土为止。将接种后的沙土管放入盛有干燥剂的真空干燥器内，接上真空泵抽气数小时，至沙土干燥为止。真空干燥操作需在孢子接入后48h内完成，以免孢子发芽。制备好的沙土管用石蜡封口，在低温下可保藏2~10年。

5. 滤纸片保藏法

取白色（收集深色孢子）或黑色（收集白色孢子）滤纸，剪成4cm×0.8cm的小纸条，平铺在培养皿中用纸包裹进行灭菌（0.1MPa，30min）。采用钩悬法收集孢子，让孢子落在滤纸条上。将载有孢子的滤纸条放入保藏试管中，再将保藏试管放入干燥器中1~2d，除去滤纸水分，使滤纸水分含量达2%左右，然后低温保藏。

6. 自然基质保藏法

（1）麦粒保藏法　取无瘪粒、无杂质的小麦淘洗干净，浸泡12~15h，加水煮沸15min，继续热浸15min，使麦粒胀而不破，沥干水分摊开晾晒，使麦粒的含水量在25%左右。将碳酸钙、石膏拌入熟麦粒中（麦粒：碳酸钙：石膏为10kg：133g：33g），拌和均匀后装入试管中，每管2~3g，然后清洗试管，塞棉塞，灭菌（0.1MPa，2h），经无菌检查合格后备用，试管基质冷却后接种，适温培养，待菌丝长满基质后用石蜡涂封棉塞，放低温保藏。2年左右转接一次。

（2）麸皮保藏法　取新鲜麸皮，过60目筛除去粗粒。将麸皮和自来水按1：1拌匀，装入小试管，每管装约1/3高度，加棉塞用纸包扎，高压灭菌（0.1MPa，30min），经无菌检查合格后备用，将生长在斜面培养基上的健壮菌种，移种至无菌麸曲管中，移种时注意尽管捣匀小试管中的麸皮，呈疏松状态，在适温下培养至菌丝长满麸皮为止，将麸曲小管置干燥器中，在低温或适温下保藏。

7. 无菌水保藏法

（1）生理盐水保藏法　取纯氯化钠0.7~0.9g，放入100mL蒸馏水中，搅拌均匀分装试管，每管5~10mL，进行灭菌（0.1MPa，30min），经无菌检查合格后备用，将待保藏的菌种接入马铃薯葡萄糖液体培养基中适温振荡培养5~7d。无菌操作吸取少许培养菌种注入经检验合格的生理盐水试管中，塞上无菌橡皮塞，用石蜡涂封，在室温或低温保藏。

（2）蒸馏水保存法　适用于霉菌、酵母菌及绝大部分放线菌，将其菌体悬浮于蒸馏水中即可在室温下保存数年。本法应注意避免水分的蒸发。

8. 冷冻真空干燥法

将已培养、生长丰富的菌体或孢子悬浮于灭菌的血清、卵白、脱脂奶制成菌悬液，将悬液以无菌操作分装于灭菌的玻璃安瓿瓶中，每管0.3~0.5mL，然后用耐压橡皮管与冷冻干燥装置连接，安瓿瓶放在冷冻槽中于-30℃至-40℃迅速冷冻，并在冷冻状态下抽空干燥，并在真空状态下熔封安瓿，在-20℃保存，一般可保存十年以上，但成本较高。

9. 液氮超低温保藏法

首先将要保藏的菌种制成菌悬液备用；其次，准备安瓿瓶，每瓶加入0.8mL冷冻保护剂10%（体积比）甘油蒸馏水溶液，塞棉塞灭菌（0.1MPa，5min）。无菌检查后，接入要保藏的菌种，火焰熔封瓶口，检查是否漏气，将封好口的安瓿瓶放在冻结器内，以每分钟下降1℃的速度缓慢降温，使保藏品逐步均匀地冻结，直至-35℃，以后冻结速度就无须控制，安瓿冻结后立即放入液氮罐内，在-150～-196℃保藏，该法只有少数科研院所使用。

一般情况下，斜面保藏、半固体穿刺、石蜡油封存和甘油管保藏法较为常用，也比较容易制作。

三、实验材料

1. 适龄培养物

根霉、酿酒酵母培养物。

2. 仪器设备

电子天平、高压蒸汽灭菌锅、超净工作台、电磁炉、培养箱、冰箱等。

3. 试剂耗材

马铃薯琼脂斜面培养基、石蜡油、无菌水、酵母膏蛋白胨液体培养基、50%甘油等。

用于菌种保藏的小试管（10mm×100mm）数支、1mL吸头、标签、接种针、接种环、棉花、牛角匙、1.5mL离心管、封口膜、移液器等。

四、实验步骤

1. 丝状真菌的斜面保藏法

斜面划线→28℃培养直至长出菌落→石蜡油（已灭菌）封存→贴标签→4℃保藏。

2. 无菌水保藏

斜面划线→28℃培养直至长出菌落→挑取菌丝及孢子于1.5mL装有无菌水的离心管中混匀→贴标签→4℃保藏。

3. 甘油管保藏

酿酒酵母接种到酵母膏蛋白胨液体培养基→28℃培养直至浑浊→取0.5mL+0.5mL 50%甘油（已灭菌）于1.5mL离心管混匀→封口膜封边，贴标签→-20℃保藏。

五、思考题

1. 经常使用的细菌菌株，使用哪种保藏方法比较好？
2. 菌种保藏中，石蜡油的作用是什么？
3. 实际生产或科研工作中还有哪些菌种保藏方法？列表比较各种保藏方法及其适用范围、保藏效果。

实验五　微生物显微技术——显微镜的使用

一、实验目的

1. 了解普通光学显微镜的基本构造和工作原理。
2. 学习并掌握普通光学显微镜，重点是油镜的使用技术和维护知识。
3. 熟悉常见微生物的基本形态。

二、实验原理

1. 普通光学显微镜的构造

普通光学显微镜由机械系统和光学系统两部分组成（图 2-7）。

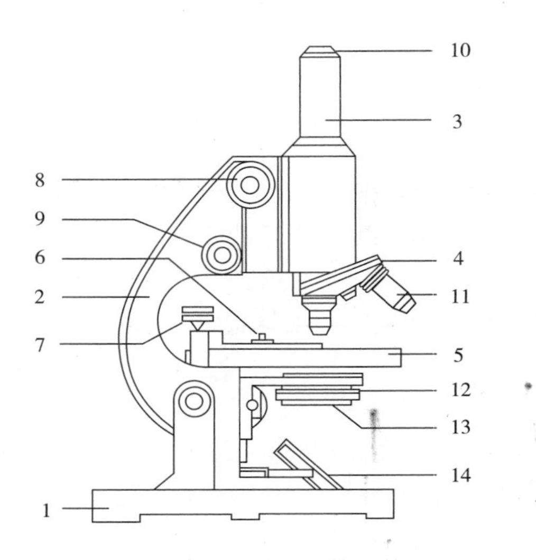

图 2-7　普通光学显微镜的构造

1—镜座　2—镜臂　3—镜筒　4—转换器　5—载物台　6—压片夹　7—标本移动器　8—粗调螺旋　9—细调螺旋　10—目镜　11—物镜　12—虹彩光阑（光圈）　13—聚光器　14—反光镜

（1）机械系统　机械系统包括镜座、镜臂、镜筒、物镜转换器、载物台、调节器等。

①镜座：它是显微镜的基座，可使显微镜平稳地放置在平台上。

②镜臂：用以支持镜筒，也是移动显微镜时手握的部位。

③镜筒：它是连接接目镜（简称目镜）和接物镜（简称物镜）的金属圆筒。镜筒上端插入目镜，下端与物镜转换器相接。镜筒长度一般固定，通常是 160mm。有些显微镜的镜筒长度可以调节。

④物镜转换器：它是一个用于安装物镜的圆盘，位于镜筒下端，其上装有 3~5 个不同放大倍数的物镜。为了使用方便，物镜一般按由低倍到高倍的顺序安装。转动物镜转换器可以选用合适的物镜。转换物镜时，必须用手旋转圆盘，切勿用手推动物镜，以免松脱物

镜而招致损坏。

⑤载物台：载物台又称镜台，是放置标本的地方，呈方形或圆形。载物台上装有压片夹，可以固定被检标本；有标本移动器，转动螺旋可以使标本前后和左右移动。有些标本移动器上刻有标尺，可指示标本的位置，便于重复观察。

⑥调节器：调节器又称调焦装置，由粗调螺旋和细调螺旋组成，用于调节物镜与标本间的距离，使物像更清晰。粗调螺旋转动一圈可使镜筒升降约 10mm，细调螺旋转动一圈可使镜筒升降约 0. 1mm。

（2）光学系统　光学系统包括目镜、物镜、聚光器、反光镜等。

①目镜：它的功能是把物镜放大的物像再次放大。目镜一般由两块透镜组成。上面一块称接目透镜，下面一块称场镜。在两块透镜之间或在场镜下方有一光圈。由于光圈的大小决定着视野的大小，故它又称为视野光圈。标本成像于光圈限定的范围之内，在光圈上粘一小段细发可用作指针，指示视野中标本的位置。在进行显微测量时，目镜测微尺被安装在视野光圈上。目镜上刻有 5×、10×、15×、20×等放大倍数。可按需选用。

②物镜：它的功能是把标本放大，产生物像。物镜可分为低倍镜（4×或 10×）、中倍镜（20×）、高倍镜（40×~60×）和油镜（100×）。一般油镜上刻有“OI”（Oil Immersion）或 HI（Homogeneous Immersion）字样，有时刻有一圈红线或黑线，以示区别。物镜上通常标有放大倍数、数值孔径（Numerical Aperture，NA）、工作距离（物镜下端至盖玻片间的距离，mm）及盖玻片厚度等参数（图 2-8）。以油镜为例，100/1. 25 分别表示放大倍数为 100 倍，NA 为 1. 25；160/0. 17 分别表示镜筒长度 160mm，盖玻片厚度≤0. 17mm。

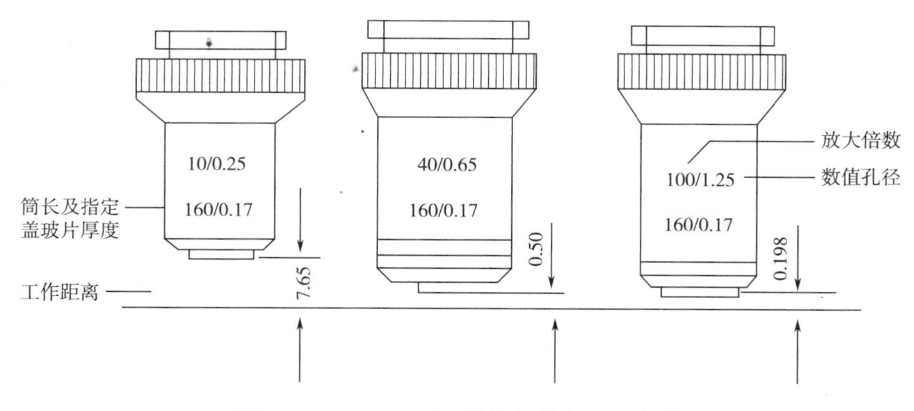

图 2-8　XSP-I6 型显微镜物镜的主要参数

③聚光器：聚光器又称聚光镜，它的功能是把平行的光线聚焦于标本上，增强照明度。聚光器安装在镜台下，可上下移动。使用低倍物镜（简称低倍镜）时应降低聚光器，使用油镜时则应升高聚光器。聚光器上附有虹彩光阑（俗称光圈），通过调整光圈孔径的大小，可以调节进入物镜光线的强弱（物镜焦距、工作距离与光圈孔径之间的关系见图 2-9）。在观察透明标本时，光圈宜调得相对小一些，这样虽会降低分辨力，但可增强反差，便于看清标本。

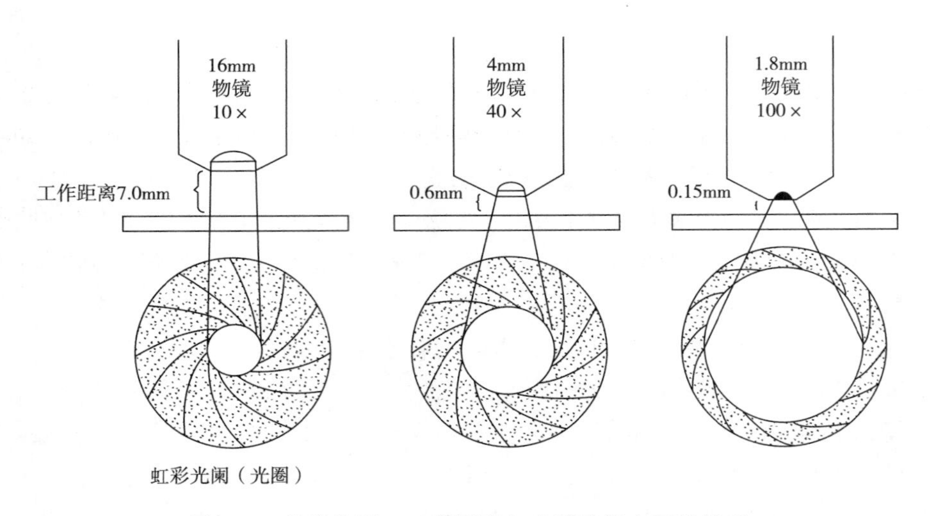

图 2-9　物镜焦距、工作距离与光圈孔径之间的关系

④反光镜：它是普通光学显微镜的取光设备，其功能是采集光线，并将光线射向聚光器。反光镜安装在聚光器下方的镜座上，可以在水平与垂直两个方向上任意旋转。反光镜的一面是凹面镜，另一面是平面镜。一般情况下选用平面镜，光量不足时可换用凹面镜。

2. 普通光学显微镜的性能

（1）数值孔径　数值孔径（*NA*）又称开口率，是指介质折射率与镜口角 1/2 正弦的乘积，可用式（2-1）表示。

$$NA = n\sin\frac{\alpha}{2} \tag{2-1}$$

式中　n——物镜与标本之间介质的折射率

α——镜口角（通过标本的光线延伸到物镜边缘所形成的夹角（图 2-10）

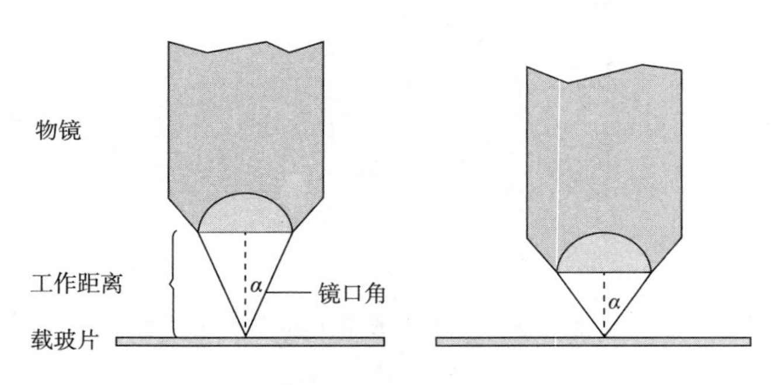

图 2-10　物镜的镜口角

物镜的性能与物镜的数值孔径密切相关，数值孔径越大，物镜的性能越好。因为镜口角 α 总是小于 180°，所以 $\sin\frac{\alpha}{2}$的最大值不可能超过 1。又因为空气的折射率为 1，所以以空气为介质的数值孔径不可能大于 1，一般为 0.05～0.95。根据式（2-1），要提高数值孔径，一个有效途径就是提高物镜与标本之间介质的折射率（图 2-11）。使用香柏油（折射率为

1.515）浸没物镜（即油镜）理论上可将数值孔径提高至1.5左右；实际数值孔径值也可达1.2~1.4。

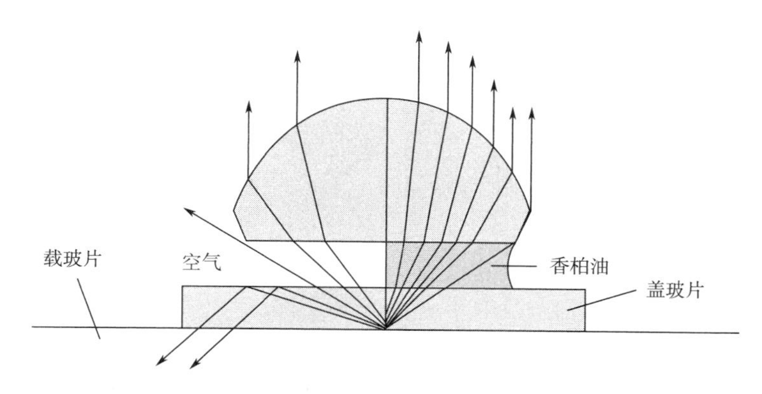

图2-11　介质折射率对光线通路的影响

（2）分辨率　分辨率是指分辨物像细微结构的能力。分辨率常用可分辨出物像两点间的最小距离（D）来表征［式（2-2）］。D值愈小，分辨率愈高。

$$D = \frac{\lambda}{2n\sin\frac{\alpha}{2}} \tag{2-2}$$

式中　λ为光波波长

比较式（2-1）和式（2-2）可知，D可表示为：

$$D = \frac{\lambda}{2NA} \tag{2-3}$$

根据式（2-3），在物镜数值孔径不变的条件下，D值的大小与光波波长成正比。要提高物镜的分辨率，可通过两条途径：①采用短波光源：普通光学显微镜所用的照明光源为可见光，其波长范围为400~700nm。缩短照明光源的波长可以降低D值，提高物镜分辨率。②加大物镜数值孔径：提高镜口角α或提高介质折射率n，都能提高物镜分辨率。若用可见光作为光源（平均波长为550nm），并用数值孔径为1.25的油镜来观察标本，能分辨出的两点距离约为0.22μm。

（3）放大率　普通光学显微镜利用物镜和目镜两组透镜来放大成像，故又被称为复式显微镜。采用普通光学显微镜观察标本时，标本先被物镜第一次放大，再被目镜第二次放大（图2-12）。所谓放大率是指放大物像与原物体的大小之比。因此，显微镜的放大率（V）是物镜放大倍数（V_1）和目镜放大倍数（V_2）的乘积，即：

$$V = V_1 \times V_2 \tag{2-4}$$

如果物镜放大40倍，目镜放大10倍，则显微镜的放大率是400倍。常见物镜（油镜）的最高放大倍数为100倍，目镜的最高放大倍数为15倍，因此一般显微镜的最高放大率是1500倍。

（4）焦深　一般将焦点所处的像面称为焦平面。在显微镜下观察标本时，焦平面上的

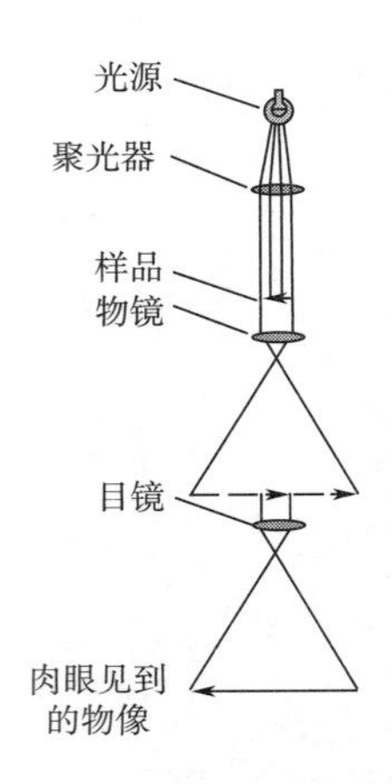

图 2-12 普通光学显微镜的成像原理

物像比较清晰，但除了能看见焦平面上的物像外，还能看见焦平面上面和下面的物像，这两个面之间的距离称为焦深。物镜的焦深与数值孔径和放大率成反比，数值孔径和放大率越大，焦深越小。因此，在使用油镜时需要细心调节，否则物像极易从视野中滑过而不易被找到。

细菌的个体微小，以 μm 计算，用肉眼难以观察。只有用显微镜将其放大到 1000 倍左右才能见到单个细菌，这就要使用油镜（10 倍×100 倍）。但随着镜头放大倍数的提高，透镜的凸度加大，物镜头的孔变小，通过的光线变少，视野变暗，物像模糊。为解决这一问题，人们除了升高聚光器、完全打开光圈外，还利用香柏油与玻璃的折射率相近的这个物理条件来减少因折射造成的光线损失，增加视野亮度。

三、实验材料

1. 样品

酵母、常见霉菌、细菌的标本片。

2. 仪器设备

显微镜。

3. 试剂耗材

香柏油、二甲苯、擦镜纸等。

四、实验步骤

1. 显微镜准备工作

对号入座后，从桌下取出显微镜，取出时用右手紧握镜臂，左手托住镜座，检查各部件是否齐全，镜头是否清洁，如不够清洁，需用擦镜纸蘸取二甲苯轻轻擦拭，调节基座上的光源调节旋钮，使目镜筒中的明暗适宜。

2. 低倍镜观察

利用 4 倍镜观察酵母及霉菌标本片：将载玻片标本（涂面朝上）置于载物台中央，用压片夹卡住，并将标本部位移到正中，眼睛看目镜，双手转动粗调螺旋，至图像一闪而过时，改用细调螺旋继续调节焦距和照明，以获得清晰的物像，平移标本片至典型形态出现在视野中央，再依次换 10 倍及 40 倍物镜观察，并在最高倍数时绘图，注明标本片名称，目镜及物镜倍数。

注意：当换到高倍镜时，视野中亮度明显下降，此时可提升聚光器或调节光源旋钮增强光线亮度。

3. 油镜观察

选择细菌标本片，先依次在 4 倍、10 倍、40 倍镜下找到模糊图像，再将聚光器提升至最高点，转动转换器，移开高倍镜，在标本中央滴一小滴香柏油，把油镜镜头浸入香柏油中，微微转动细调螺旋，直至看清物像。调节时可从侧面注视，小心地转动粗调节器将油镜重新浸在香柏油中，使油镜与标本轻微接触，再目视镜筒，缓缓降下载物台，直至图像一闪而过，再略回调，可见清晰图像，绘图，注明标本片名称，目镜及物镜倍数。

4. 显微镜的清理

观察完毕，转动粗调螺旋提升镜筒，取下载玻片，先用擦镜纸擦去镜头上的香柏油，然后用擦镜纸蘸取少许二甲苯擦去镜头上的油迹，再用干净的擦镜纸擦去残留的二甲苯，最后用干净干燥的纱布擦去机械部件上的灰尘和冷凝水。降低镜筒，将物镜转成“八”字形置于载物台上。降低聚光器，避免聚光器与物镜相碰，将显微镜放回原位。

五、思考题

1. 为何不能直接用高倍镜观察细菌？
2. 使用油镜时有哪些注意要点？

实验六　微生物显微技术——细菌的简单染色

一、实验目的

1. 掌握细菌简单染色的基本技术。
2. 进一步巩固显微镜的使用方法。

二、实验原理

细菌的涂片和染色是微生物学实验中的一项基本技术。细菌的细胞小而透明，在普通的光学显微镜下不易识别，必须对它们进行染色。利用单一染料对细菌进行染色，使经染色后的菌体与背景形成明显的色差，从而能更清楚地观察到其形态和结构。此法操作简便，适用于菌体一般形状和细菌排列的观察。

常用碱性染料进行简单染色，这是因为在中性、碱性或弱酸性溶液中，细菌细胞通常带负电荷，而碱性染料在电离时，其分子的染色部分带正电荷，因此碱性染料的染色部分很容易与细菌结合使细菌着色。经染色后的细菌细胞与背景形成鲜明的对比，在显微镜下更易于识别。常用作简单染色的染料有美蓝、结晶紫、碱性复红等。

当细菌分解糖类产酸使培养基 pH 下降时，细菌所带正电荷增加，此时可用伊红、酸性复红或刚果红等酸性染料染色。

染色前必须固定细菌。其目的有二：一是杀死细菌并使菌体黏附于玻片上；二是增加其对染料的亲和力。常用的有加热和化学固定两种方法。固定时尽量维持细胞原有的形态。

三、实验材料

1. 菌种

大肠杆菌、金黄色葡萄球菌 24h 营养琼脂斜面培养物。

2. 仪器设备

显微镜。

3. 试剂耗材

草酸铵结晶紫染液、番红染液、酒精灯、载玻片、接种环、滴瓶（内装香柏油和二甲苯）、擦镜纸、生理盐水或蒸馏水等。

四、实验步骤

基本流程：涂片→干燥→固定→染色→水洗→干燥→镜检。

1. 涂片

取两块洁净无油的载玻片，在无菌的条件下各滴一小滴生理盐水（或蒸馏水）于玻片中央，用接种环以无菌操作分别从金黄色葡萄球菌和大肠杆菌斜面上挑取少许菌苔于水滴中，单独或混匀涂成薄膜。若用菌悬液（或液体培养物）涂片，可用接种环挑取 2~3 环直接涂于载玻片上。注意滴生理盐水（蒸馏水）和取菌时不宜过多且涂抹要均匀，不宜过厚，要求“薄、匀、散”。

2. 干燥

室温自然干燥。也可以将涂面朝上在酒精灯上方稍微加热，使其干燥。但切勿离火焰太近，因温度太高会破坏菌体形态。

3. 固定

如用加热干燥，固定与干燥合为一步，方法同干燥。

4. 染色

将玻片平放于玻片搁架上，滴加染液 1~2 滴于涂片上（染液刚好覆盖涂片薄膜为宜）染色 1~2min。

5. 水洗

倾去染液，用自来水从载玻片一端轻轻冲洗，直至从涂片上流下的水无色为止。水洗时，不要水流直接冲洗涂面。水流不宜过急、过大，以免涂片薄膜脱落。

6. 干燥

甩去玻片上的水珠使其自然干燥，电吹风吹干或用吸水纸吸干均可（注意勿擦去菌体）。

7. 镜检

涂片干后镜检。涂片必须完全干燥后才能用油镜观察，并绘制视野图，要求比例适当，标注标本名、放大倍数等相关信息。

五、思考题

你认为细菌简单染色的关键步骤是什么？

实验七　微生物显微技术——细菌革兰染色

一、实验目的

1. 了解革兰染色法的原理及其在细菌分类鉴定中的重要性。
2. 掌握革兰染色技术。

二、实验原理

革兰染色法是1884年由丹麦病理学家Christain Gram创立的，革兰染色法可将所有的细菌区分为革兰染色阳性菌（G^+）和革兰染色阴性菌（G^-）两大类。革兰染色法是细菌学中最重要的鉴别染色法。

革兰染色法的基本步骤是：先用初染剂结晶紫进行初染，再用碘液媒染，然后用乙醇（或丙酮）脱色，最后用复染剂（如番红）复染。经此方法染色后，细胞保留初染剂蓝紫色的细菌为革兰染色阳性菌；如果细胞中初染剂被脱色剂洗脱而使细菌染上复染剂的颜色（红色），该菌属于革兰染色阴性菌。

革兰染色法之所以能将细菌分为革兰染色阳性菌和革兰染色阴性菌，是由这两类细菌细胞壁的结构和组成不同决定的。实际上，当用结晶紫初染后，像简单染色法一样，所有细菌都被染成初染剂的蓝紫色。碘作为媒染剂，它能与结晶紫结合成结晶紫-碘的复合物，从而增强了染料与细菌的结合力。当用脱色剂处理时，两类细菌的脱色效果是不同的。革兰染色阳性菌的细胞壁主要由肽聚糖形成的网状结构组成，壁厚、类脂质含量低，用乙醇（或丙酮）脱色时细胞壁脱水、使肽聚糖层的网状结构孔径缩小，透性降低，从而使结晶紫-碘的复合物不易被洗脱而保留在细胞内，经脱色和复染后仍保留初染剂的蓝紫色。革兰染色阴性菌则不同，由于其细胞壁肽聚糖层较薄、类脂含量高，所以当脱色处理时，类脂质被乙醇（或丙酮）溶解，细胞壁透性增大，使结晶紫-碘的复合物比较容易被洗脱出来，用复染剂复染后，细胞被染上复染剂的红色。

三、实验材料

1. 菌种

大肠杆菌约24h营养琼脂斜面菌种1支，金黄色葡萄球菌约16h牛肉膏琼脂斜面菌种1支。

2. 仪器设备

显微镜。

3. 试剂耗材

结晶紫染色液、卢戈氏碘液、95%乙醇、革兰染色液或番红染液套装；擦镜纸、接种环、载玻片、酒精灯、蒸馏水、香柏油、二甲苯等。

四、实验步骤

实验步骤如下：

涂片→干燥→固定→染色（初染→媒染→脱色→复染）→镜检。

1. 涂片

取洁净载玻片，滴一小滴蒸馏水，用无菌接种环分别挑取少量菌体涂片、干燥、固定。玻片要洁净无油，否则菌液涂不开。

可按如图 2-13 所示方法涂片。

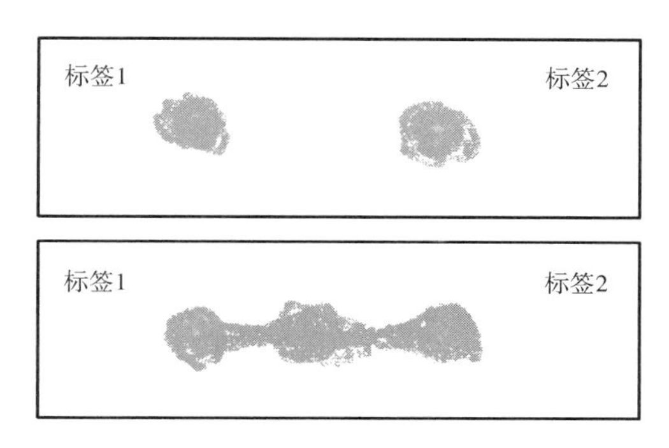

图 2-13　二区及三区涂片法示意图

三区涂片法：在玻片的左、右端各加一滴蒸馏水，用无菌接种环挑取少量枯草芽孢杆菌与左边水滴充分混合成仅有枯草芽孢杆菌的区域，并将少量菌液延伸至玻片的中央。再用无菌的接种环挑取少量大肠杆菌与右边的水滴充分混合成仅有大肠杆菌的区域，并将少量的大肠杆菌液延伸到玻片中央，与枯草芽孢杆菌相混合，使含有两种菌的混合区，干燥、固定。

要用活跃生长期的幼培养物做革兰染色；涂片不宜过厚，以免脱色不完全造成假阳性。

2. 初染

滴加结晶紫（以刚好将菌膜覆盖为宜）于两个玻片的涂面上，染色 1~2min，倾去染色液，细水冲洗至洗出液为无色，将载玻片上水甩净。

3. 媒染

用卢戈氏碘液媒染约 1min，水洗。

4. 脱色

用滤纸吸去玻片上的残水，将玻片倾斜，在白色背景下，用滴管流加 95%乙醇脱色，直至流出的乙醇无紫色（背后衬一张白纸有助于观察）时，立即水洗，终止脱色，将载玻片上水甩净。

革兰染色结果是否正确，乙醇脱色是革兰染色操作的关键环节。脱色不足，革兰染色阴性菌被误染成革兰染色阳性菌；脱色过度，革兰染色阳性菌被误染成革兰染色阴性菌。脱色时间一般为 20~30s。

5. 复染

在涂片上滴加沙黄液复染 2~3min，水洗，然后用吸水纸吸干。在染色的过程中，不可使染液干涸。

6. 镜检

干燥后，用油镜观察。判断两种菌体染色反应性。菌体被染成蓝紫色的是革兰染色阳性菌（G^+），被染成红色的为革兰染色阴性菌（G^-）。据观察结果，绘出两种细菌的形态图。列表简述两株细菌的染色结果（说明各菌的形状、颜色和革兰染色反应）。

7. 实验结束后处理

清洁显微镜。先用擦镜纸擦去镜头上的油，然后再用擦镜纸蘸取少许二甲苯擦去镜头上的残留油迹，最后用擦镜纸擦去残留的二甲苯。染色玻片用洗衣粉水煮沸、清洗，凉干后备用。

五、思考题

哪些因素会影响革兰染色结果的正确性？其中最关键的环节是什么？

实验八　微生物显微技术——显微镜直接计数法

一、实验目的

1. 了解血细胞计数板的构造和计数原理。
2. 掌握用血细胞计数板测定微生物细胞总数的方法。

二、实验原理

测定微生物细胞数量的方法很多，通常采用的有显微镜直接计数法和平板计数法。

显微镜直接计数法适用于各种含单细胞菌体的纯培养悬浮液，如有杂菌或杂质，常不易分辨。菌体较大的酵母菌或霉菌孢子可采用血细胞计数板，一般细菌则采用彼得罗夫·霍泽（Petrof Hausser）细菌计数板。两种计数板的原理和部件相同，只是细菌计数板较薄，可以使用油镜观察；而血细胞计数板较厚，不能使用油镜，计数板下部的细菌不易看清。

血细胞计数板是一块特制的厚型载玻片，载玻片上有 4 条槽而构成 3 个平台（图 2-14）。中间的平台较宽，其中间又被一短横槽分隔成两半，每个半边上面各有一个计数区，计数区的刻度有两种：一种是计数区分为 16 个大方格（大方格用三线隔开），而每个大方格又分成 25 个小方格；另一种是一个计数区分成 25 个大方格（大方格之间用双线分开），而每个大方格又分成 16 个小方格。但是不管计数区是哪一种构造，它们都有一个共同特点，即计数区都由 400 个小方格组成。计数区边长为 1mm，则计数区的面积为 $1mm^2$，每个小方格的面积为 $1/400mm^2$。盖上盖玻片后，计数区的高度为 0.1mm，所以每个计数区的体积为 $0.1mm^3$，每个小方格的体积为 $1/4000mm^3$。使用血细胞计数板计数时，先要测定每个小方格中微生物的数量，再换算成每毫升菌液（或每克样品）中微生物细胞的数量。

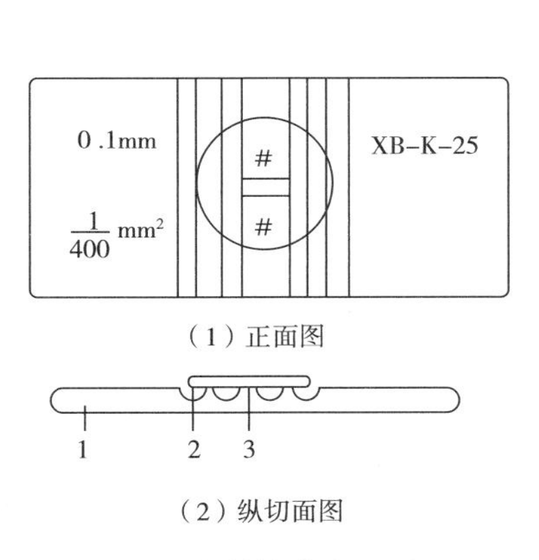

（1）正面图

（2）纵切面图

血细胞计数板构造（一）
1-血细胞计数板　2-盖玻片　3-计数室

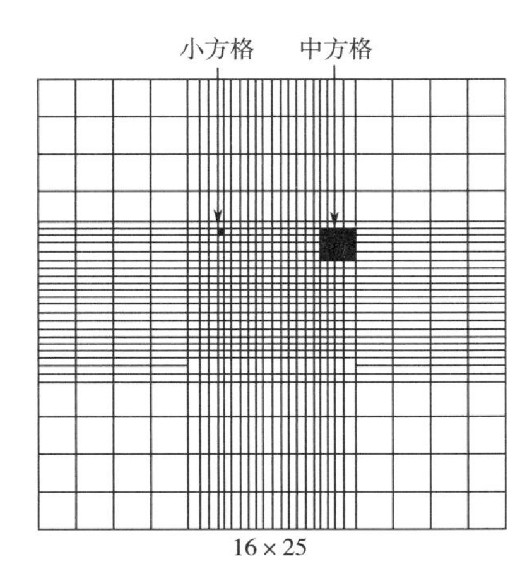

血细胞计数板构造（二）
放大后的方网格，中间大方格为计数室

图 2-14　血细胞计数板的结构

已知：0.1mm^3 计数区域有 400 个计数格，即每个小方格体积为 1/4000mm^3，且 1cm^3（即 1mL）体积 = 1000mm^3。

所以：当 1mL 菌悬液分布于 1000mm^3/（1/4000mm^3）= 4×10^6 个小方格中，即系数 $K=4\times10^6$。

因此：每 mL 菌悬液中含有细胞数 = 每个小格中细胞平均数（N）×系数（K）×菌液稀释倍数（d）。

三、实验材料

1. 菌种

培养 48h 的啤酒酵母菌悬液。

2. 仪器设备

显微镜、电吹风。

3. 试剂耗材

血细胞计数板、盖玻片（22mm×22mm）、吸水纸、计数器、滴管、擦镜纸等。

四、实验步骤

基本步骤：检查血细胞计数板→稀释样品→加样→计数→计算→清洗。

1. 检查血细胞计数板

取血球计数板一块，先用显微镜检查血细胞计数板的计数室，看其是否沾有杂质或干涸着的菌体，若有污物则通过擦洗、冲洗，使其清洁。镜检清洗后的计数板，直至计数室无污物时才可使用。

2. 稀释样品

将培养后的酵母培养液振荡振摇混匀，然后做一定倍数的稀释。稀释度选择以小方格中的分布的菌体清晰可数为宜。一般以每小格内含 4~5 个菌体的稀释度为宜。

3. 加样

取出一块干净盖玻片盖在血细胞计数板中央。用滴管取 1 滴稀释菌悬液注入盖玻片边缘，让菌悬液自行渗入，若菌悬液太多可用吸水纸吸去。静置 5~10min。

4. 镜检

待细胞不动后进行镜检计数。先用低倍镜找到计数室方格后，再用高倍镜测数。一般应取上下及中央五个中格的总菌数。计数时若遇到位于线上的菌体，一般只计数格上方（下方）及右方（左方）线上的菌体。每个样品重复 3 次。

5. 计算

取以上计数的平均值，按式（2-5）计算出每毫升菌液中的含菌量。

$$\text{菌体细胞数（cfu/mL）} = \text{小格内平均菌体细胞数} \times 400 \times 10^4 \times \text{稀释倍数} \qquad (2-5)$$

并据此计算样品中酵母菌浓度。

6. 清洗

血细胞计数板用完后，先用自来水冲洗，然后用 95% 的酒精轻轻擦洗，再用蒸馏水淋洗，然后吸干，最后用擦镜纸揩干净。若计数的样品是病原微生物，则须先浸泡在5%石炭酸溶液中进行消毒，然后再行清洗。清洗后放回原位，切勿用硬物洗刷。

五、思考题

1. 血细胞计数板是否可用于霉菌孢子或细菌细胞的计数，为什么？
2. 根据自己体会，说明血细胞计数板计数的误差主要来自哪些方面？如何减少误差？

实验九　微生物应用技术——光电比浊计数

细菌菌落总数的测定

一、实验目的

1. 了解光电比浊计数法的原理。
2. 学习和掌握光电比浊计数法的操作方法。

二、实验原理

当光线通过微生物菌悬液时，由于菌体的散射及吸收作用使光线的透过量降低。在一定的范围内，微生物细胞浓度与透光度成反比，与光密度成正比，而光密度或透光度可以由光电池精确测出。因此，可用一系列已知菌数的菌悬液测定光密度，作出光密度—菌数标准曲线。然后，以样品液所测得的光密度，从标准曲线中查出对应的菌数。制作标准曲线时，菌体计数可采用血细胞计数板计数，平板菌落计数或细胞干重测定等方法。

光电比浊计数法的优点是简便、迅速，可以连续测定，适合于自动控制，但是，由于光密度或透光度除了受菌体浓度影响之外，还受细胞大小、形态、培养液成分以及所采用的光波长等因素的影响。因此，对于不同微生物的菌悬液进行光电比浊计数应采用相同的菌株和培养条件制作标准曲线。光波长的选择通常在 400~700nm，具体到某种微生物采用多少还需要经过最大吸收波长以及稳定性试验来确定，一般酵母使用 560nm 波长，细菌使用 600nm 波长比色，颜色太深的样品或在样品中还含有其他干扰物质的菌悬液不适合用此法进行测定。

三、实验材料

1. 菌种

酿酒酵母在酵母膏蛋白胨液体培养基在 30℃ 下活化 16~24h 的培养液，或活性干酵母在 30℃ 下活化 2h 的菌悬液。

2. 仪器设备

721 型分光光度计、血细胞计数板、显微镜。

3. 试剂耗材

盖玻片、试管、吸水纸、无菌吸头、无菌生理盐水等。

四、实验步骤

1. 标准曲线制作

①编号：取无菌试管 7 支，分别用记号笔将试管编号为 1~7。

②调整菌液浓度：用血细胞计数板计数培养 24h 的酿酒酵母菌悬液，并用无菌生理盐水分别稀释调整为 1×10^6、2×10^6、4×10^6、6×10^6、8×10^6、10×10^6、12×10^6 个/mL 含菌数的

细胞悬液，再分别装入已编好号的1至7号无菌试管中。

③测OD值：将1~7号不同浓度的菌悬液摇均匀后于560nm波长，1cm比色皿中测定OD值。比色测定时，用无菌生理盐水作空白对照，并将OD值记下。

注：每管菌悬液在测定OD值时均必须先摇匀后，再倒入比色皿中测定。

④以光密度（OD）值为纵坐标，以每毫升细胞数为横坐标，用Excel软件绘制标准曲线：首先向Excel中输入OD_{560nm}值和相应的菌浓度值→以浓度值为横坐标，吸光值为纵坐标作散点图→选中散点标志，右键单击，从条形工具框中选择添加趋势线→在设置趋势线格式中，选中显示公式，可以看到“$y=kx+b$”形式的线性拟合方程，选中显示R^2值，该值越接近1，标准曲线质量越可靠。

2. 样品测定

将待测样品用无菌生理盐水适当稀释摇匀后，用560nm波长、1cm比色皿测定光密度。测定时用无菌生理盐水作空白对照。各种操作条件必须与制作标准曲线时的相同，否则，测得值所换算的含菌数就不准确。

3. 浓度计算

根据所测得的光密度值，通过线性拟合方程计算每毫升的含菌数，乘以稀释倍数可得样品原液的菌浓度。

五、思考题

1. 光电比浊计数的原理是什么？这种计数法有何优缺点？
2. 光电比浊计数在生产实践中有何应用价值？
3. 本实验为什么采用560nm波长测定酵母菌悬液的光密度？如果你在实验中需要测定大肠杆菌生长的OD值，你将如何选择波长？

实验十　微生物应用技术——MPN计数法

大肠菌群数量测定

一、实验目的

1. 理解MPN计数法的原理。
2. 掌握大肠杆菌MPN计数的基本方法。

二、实验原理

MPN是Most Probable Number的缩写，指最大或然数，计数又称稀释培养计数，适用于测定在一个混杂的微生物群落中虽不占优势，但却具有特殊生理功能的类群。MPN法是统计学和微生物学结合的一种定量检测法。待测样品经系列稀释并培养后，根据其未生长的最低稀释度与生长的最高稀释度，应用统计学概率论推算出待测样品中大肠菌群的最大或然数。

我国国家标准中采用该方法检测大肠杆菌及金黄色葡萄球菌的数量。

三、实验材料

1. 样品

自选样品。

2. 仪器设备

高压蒸汽灭菌锅、超净工作台、培养箱、冰箱、恒温水浴箱、天平、均质器、振荡器。

3. 试剂耗材

月桂基硫酸盐胰蛋白胨肉汤（Lauryl Sulfate Tryptose，LST）培养基、结晶紫中性红胆盐琼脂（Violet Red Bile Agar，VRBA）培养基、无菌吸管、移液器及吸头、锥形瓶、培养皿、pH试纸、磷酸盐缓冲液、生理盐水、1mol/L NaOH、1mol/L HCl等。

四、实验步骤

1. 样品的稀释

（1）固体和半固体样品　称取25g样品，放入盛有225mL磷酸盐缓冲液或生理盐水的无菌均质杯内，8000~10000r/min均质1~2min，或放入盛有225mL磷酸盐缓冲液或生理盐水的无菌均质袋中，用拍击式均质器拍打1~2min，制成1∶10的样品匀液。

（2）液体样品　以无菌吸管吸取25mL样品置盛有225mL磷酸盐缓冲液或生理盐水的无菌锥形瓶（瓶内预置适当数量的无菌玻璃珠）或其他无菌容器中充分振摇，或置于机械振荡器中振摇，充分混匀，制成1∶10的样品匀液。

（3）样品匀液的pH应在6.5~7.5，必要时分别用1mol/L NaOH或1mol/L HCl调节。

（4）用1mL无菌吸管或微量移液器吸取1∶10样品匀液1mL，沿管壁缓缓注入9mL磷酸盐缓冲液或生理盐水的无菌试管中（注意吸管或吸头尖端不要触及稀释液面），振摇试管或换用 1 支 1mL 无菌吸管反复吹打，使其混合均匀，制成 1∶100 的样品匀液。

（5）根据对样品污染状况的估计，按上述操作，依次制成 10 倍递增系列稀释样品匀液。每递增稀释 1 次，换用 1 支 1mL 无菌吸管或吸头。从制备样品匀液至样品接种完毕，全过程不得超过 15min。

大肠杆菌检测程序如图 2-15 所示。

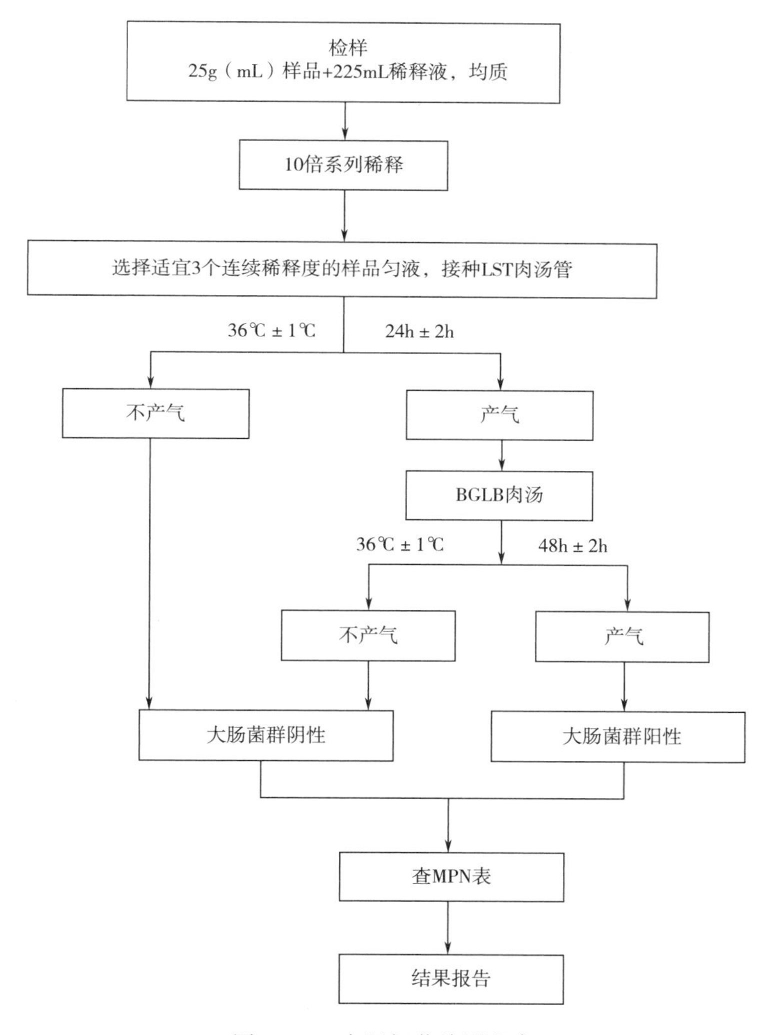

图 2-15　大肠杆菌检测程序

2. 初发酵试验

每个样品，选择 3 个适宜的连续稀释度的样品匀液（液体样品可以选择原液），每个稀释度接种 3 管月桂基硫酸盐胰蛋白胨（LST）肉汤，每管接种 1mL（如接种量超过 1mL，则用双料 LST 肉汤），36℃±1℃培养 24h±2h，观察试管内是否有气泡产生，24h±2h 产气者进行复发酵试验（验证试验），如未产气则继续培养至 48h±2h，产气者进行复发酵试验。未产气者为大肠菌群阴性管。

3. 复发酵试验（证实试验）

用接种环从产气的 LST 肉汤管中分别取培养物 1 环，移种于煌绿乳糖胆盐肉汤（BGLB）管中，36℃±1℃培养 48h±2h，观察产气情况。产气者，计为大肠菌群阳性管。

4. 大肠菌群最可能数（MPN）的报告

按上述复发酵试验确证的大肠菌群 BGLB 阳性管数，检索 MPN 表（见附录 3），报告每 g（mL）样品中大肠菌群的 MPN 值。

五、思考题

MPN 法的局限性是什么？还有哪些方法可用于检测大肠杆菌、金黄色葡萄球菌数量？列表比较这些方法的特点。

实验十一　微生物应用技术——酵母菌的分子鉴定

一、实验目的

1. 学习并掌握酶法提取酵母基因组 DNA 的基本原理和实验技术。
2. 学习并掌握 PCR 扩增及琼脂糖凝胶电泳检测原理与技术。
3. 学习 26S rRNA 基因序列的系统进化分析方法。

二、实验原理

1. 酵母菌基因组 DNA 提取的原理

酵母菌细胞壁化学组分比较特殊，主要由“酵母纤维素”组成，类似三明治结构。其外层为甘露聚糖，内层为葡聚糖，中间有一层蛋白质分子，细胞壁上还含有少量的类脂和几丁质。蜗牛酶是从蜗牛的嗉囊和消化道中制备的混合酶，它含有纤维素酶、半纤维素酶、甘露糖酶、半乳聚糖酶、蛋白水解酶、蛋白酶等 20 多种酶。酵母细胞经适量的蜗牛酶处理，可有效去除其细胞壁获得酵母原生质体溶液。随后向其中加入的 SDS 将细胞膜和核膜裂解，在蛋白酶 K、EDTA 下消化蛋白质或多肽或小肽分子，核蛋白变性降解。酵母基因组 DNA 提取试剂盒采用特异性结合 DNA 的离心吸附柱和独特的缓冲液系统，前者可高效、专一吸附 DNA，后者最大限度去除杂质蛋白及细胞中其他有机化合物等。

2. rRNA 基因的 PCR 扩增与测序原理

多聚酶链式反应（PCR）技术的原理模拟 DNA 天然复制过程。在微量离心管中加入适量缓冲液，加入微量模板 DNA、四种脱氧核苷酸（dNTP）、耐高温 *Taq* DNA 聚合酶及两个特异性结合目的基因合成的 DNA 引物。然后在特定的温度和时间条件下，模板 DNA 发生高温变性、底物退火、延伸（DNA 合成）等循环反应，使 DNA 重复合成。经过 30～35 个循环，DNA 扩增即可完成。酵母菌 26S rRNA 基因测序原理同 PCR 扩增原理。

3. 基于 rRNA 基因序列的系统进化分析与分类学鉴定

26S rRNA 基因是酵母菌系统进化分析常用的标记基因之一。利用测定的基因序列，上传到在线网站 Yeast IP（http：//genome. jouy. inra. fr/yeastip/）进行在线分析。也可以通过网络数据库搜索和下载与目标菌株 rRNA 基因序列相似度高的相关序列，利用生物学软件线下构建系统进化树，鉴定其基本的分类学地位。

三、实验材料

1. 实验材料

酵母膏蛋白胨（YPD）培养基；酵母基因组 DNA 提取试剂盒、蜗牛酶、20% 十六烷基三甲基溴化铵（CTAB）；*Taq* DNA 聚合酶、琼脂糖、核酸染料、0～2000u 分子质量的 DNA

标记等。

2. 实验用具

电子天平、烧杯、三角瓶、纱布、高压灭菌锅、超净工作台、摇床、移液枪（10μL、200μL、1mL）、水浴锅、离心机、PCR 仪、电泳仪等。

四、实验步骤

1. 酵母基因组 DNA 的提取步骤

酵母菌株接种 YPD 液体培养基→过夜培养→转接 YPD 液体培养基→培养至对数生长中期（2h）→离心→590μL SE 缓冲液+10μL 蜗牛酶 37℃，1h→酵母菌原生质体→0. 5μL 蛋白酶 K55℃ 1h→SDS→CTAB/NaCl，200μL 20% PVP→酚/氯仿/异戊醇抽提→异丙醇沉淀→无菌 ddH_2O 溶解 DNA→-20℃保存。

2. PCR 扩增、 PCR 扩增产物的检测与测序

用引物 NL1（5′-GCATATCAATAAGCGGAGGAAAAG-3′）和 NL4（5′-GGTCCGTGTTTCAAGACGG-3′）PCR 扩增菌株 26S rRNA 基因近 5′-端的 D1/D2 区域。

（1）配置 PCR 反应体系（表 2-1）

表 2-1 PCR 反应体系配置表

模板 DNA	1μL
2×M5 *Taq* PCR Mix	25μL
NL1	0. 5μL
NL4	0. 5μL
ddH_2O 补足至	50μL

（2）设置 PCR 反应条件 反应条件如下：

94℃预变性	5min	
94℃变性	40s	35 个循环
55℃退火	40s	
72℃延伸	2min	
72℃总延伸	10min	

（3）PCR 扩增完成后，将样品取出并保存于 4℃环境中。

（4）PCR 扩增产物进行 0. 8%琼脂糖凝胶电泳检测，通过核酸染料显色检测是否得到目的基因。

（5）得到的 PCR 扩增产物送测序公司测序，得到的基因序列进行后续分析。

3. 26S rRNA 基因序列分析与系统进化树构建

（1）利用软件 Chromas 查看测序图谱，判别其质量。

（2）得到的序列提交美国国家生物技术信息中心（National Center for Biotechnology Information，NCBI）建立的 DNA 序列数据库（GenBank）等数据库进行序列比对搜索，下载相似度高的相关序列。

（3）用 CLUSTAL X 软件进行序列排列比对。

（4）用 MEGA 7.0 软件邻接点法等方法进行系统进化树构建。

（5）对比不同方法构建系统进化树的区别，综合分析结果。

五、思考题

1. 根据酵母基因组 DNA 的提取过程，分析影响实验成功的关键因素。
2. 目前酵母菌分子鉴定常用的方法有哪些？对比其优缺点。

实验十二　微生物应用技术——高通量测序数据解读

一、实验目的

1. 理解高通量测序的基本原理。
2. 学会高通量测序数据的解读方法。

二、实验原理

高通量测序，如微生物多样性、宏转录组、宏基因组等，数据蕴藏的信息量非常大，通常包括在线平台和线下软件分析。实际上，研究目的决定了人们对高通量数据挖掘的手段和深度。一份高通量测序报告通常包含 OUT 表、α-多样性、群落组成、β-多样性、环境因子关联分析等内容。本实验围绕上述最常见 4 个内容进行讲解，带领学生熟悉高通量数据的基本算法和含义。

三、实验材料

1. 课题组自有的高通量测序数据及对应的环境因子信息等。
2. 设备及平台：笔记本电脑、网络上开源的高通量数据分析平台或自装的分析软件等。

四、实验步骤

1. 实验数据的下载

扫描二维码下载高通量测序数据、测序报告及其他辅助材料。

2. α-多样性分析

α-多样性是指一个特定区域或者生态系统内物种组成的多样性。通过 α-多样性分析可以得到群落中物种的丰富度、覆盖度和多样性等信息。通常，可采用一系列统计学分析指数来估计环境群落的物种丰度和多样性（表 2-2），如观测到的 OTU 数目（sobs 指数）和预测的 OTU 数目（通过 chao1 指数反映）可反映群落丰富度，香农指数（shannon）、辛普森指数（simpson）和 pd 指数（基于系统发育树计算所得多样性指数）反映群落多样性，覆盖率（coverage）反映群落覆盖度。

表 2-2　样品的 α-多样性指数

样品名	观测到的 OTU 数目	香农指数	辛普森指数	chao1 指数	覆盖率	pd 指数
X1	3108	6. 209261	0. 012914	4946. 276	0. 95326	310. 4555
X2	2324	5. 322724	0. 032101	4144. 417	0. 957843	255. 8158
X3	3028	6. 042615	0. 017782	5173. 032	0. 941413	302. 3688
X4	2849	5. 429616	0. 030832	4655. 089	0. 958454	296. 8012
X5	3075	5. 348967	0. 034035	5035. 313	0. 957807	301. 1591

续表

样品名	观测到的 OTU 数目	香农指数	辛普森指数	chao1 指数	覆盖率	pd 指数
X6	2875	5. 929196	0. 020963	4900. 435	0. 9462	286. 7979
X7	3053	5. 696573	0. 024896	5101. 438	0. 945645	332. 0987
X8	3048	5. 771054	0. 02127	5167. 521	0. 951536	313. 3743
X9	2757	5. 317892	0. 029406	4618. 506	0. 956513	281. 2984
X10	2590	5. 357744	0. 030166	4654. 376	0. 95337	295. 5583
X11	3419	6. 434759	0. 008724	5285. 266	0. 954939	330. 5051
X12	2170	4. 326166	0. 069792	4053. 417	0. 958379	265. 2353

3. 微生物群落组成分析

微生物群落在不同分类学水平上组成差异较大，通常选择在门或属水平上进行群落组成分析。目前，基于对各样本物种丰度的统计，可通过柱图、热图（Heatmap）等一系列可视化方法直观微生物群落组成情况（图 2-16）。

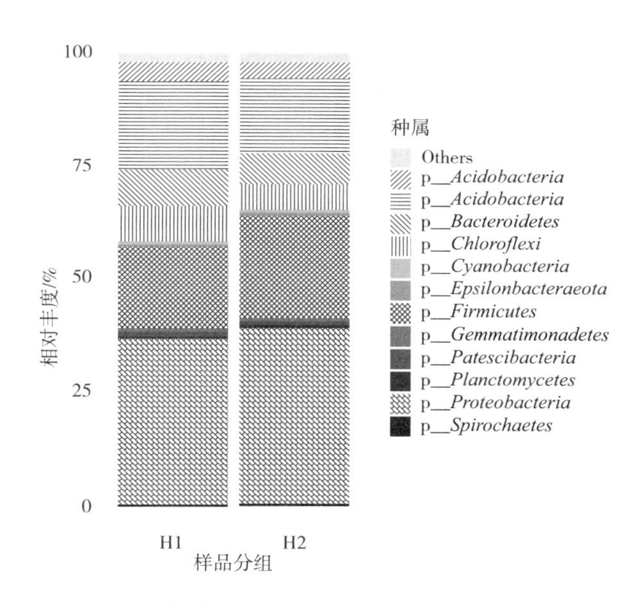

图 2-16　门水平上两组样品的细菌群落组成热图

4. β-多样性分析

β-多样性是指一个特定区域或者生态系统随着环境因子或时间梯度变化，微生物群落组成进化的多样性。样本间物种丰度分布的差异程度通常基于统计学中的距离矩阵，如常见距离算法相异度（布雷·柯蒂斯，Bray-Curtis）、相似性（杰卡德，Jaccard）和统一距离（Uni Fracdistance）等算法，进行量化分析，在获得两两样本间距离的基础上，进行可视化统计分析。算法中，布雷·柯蒂斯算法和加权的统一距离算法应用最为广泛，前者考虑物种有无和物种丰度，后者可定量的检测样本间不同谱系上发生的变异。

PCoA 分析，即主坐标分析，是一种非约束性的数据降维分析方法，可以研究群落组成的相似性或差异性。基于对一系列特征值和特征向量进行排序，然后选择排序前 2 位的主要特征值，在一个特定的坐标系中进行旋转（图 2-17）。通过不同样本点之间的相对位置关系，可以判断群落的差异性。

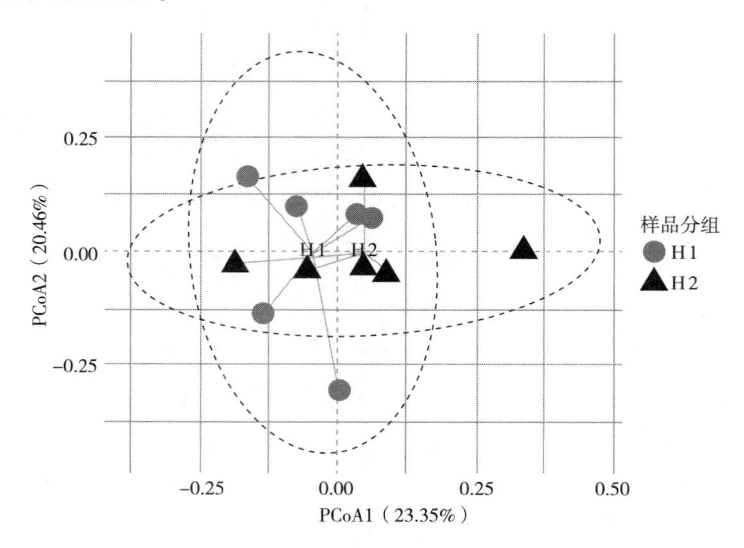

图 2-17　基于布雷・柯蒂斯算法的主坐标分析（PCoA）图

5. 环境因子关联分析

源于一个特定区域或者生态系统的样本，影响其群落组成的环境因子有很多，如何从众多因子中找到驱动样本群落组成和变化的关键因子，对认识群落的多样性和稳定性意义重大。RDA 分析（冗余分析）可以将样本和环境因子在同一个二维排序图上呈现，从图中可以看到样本分布和环境因子间的关系。RDA 常采用欧式距离进行分析，但欧氏距离并不适用于一些数据类型，因此目前多采用依赖于矩阵的冗余分析（db-RDA 分析）（图 2-18）。

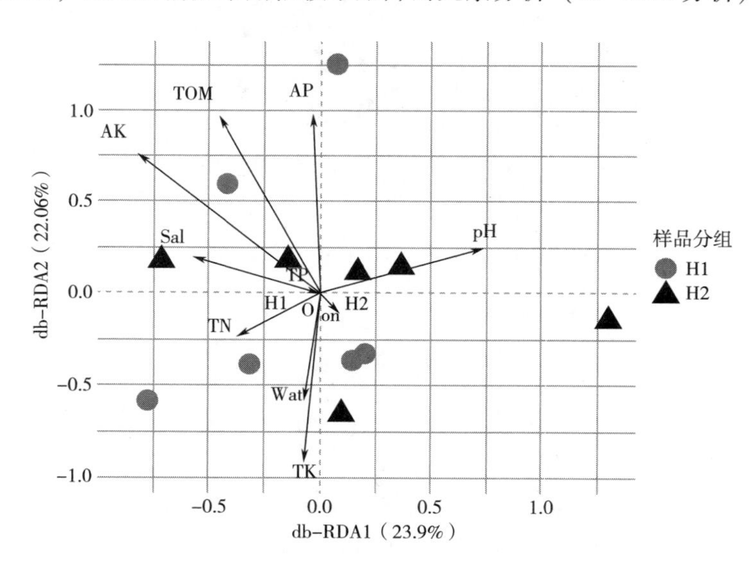

图 2-18　基于布雷・柯蒂斯算法的冗余分析图

五、思考题

1. 如何判断高通量数据测序的质量是否达到要求？
2. 基于高通量数据和环境因子，如何分析微生物群落与环境因子的关系？

实验十三　微生物应用技术——抗菌作用的检测

抗菌活性的测定

一、实验目的

1. 掌握纸片法测定抗生素抗菌作用的基本方法。
2. 掌握最低抑菌浓度的测定方法。

二、实验原理

抗生素是某些植物与微生物生长到对数期前后所产生的次生代谢产物，其在低浓度下可对其他微生物生长具有抑制作用或杀死作用的物质。抗生素对敏感微生物的作用机制分为抑制细胞壁的形成、破坏细胞膜的功能、干扰蛋白质合成及阻碍核酸的合成。由于不同微生物对不同抗生素的敏感性不一样，抗生素的作用对象就有一定的范围，这种作用范围成为抗生素的抗菌谱，作用对象广的抗生素称为广谱抗生素，作用对象少的抗生素称为窄谱抗生素。

新抗生素产生菌的分离筛选应通过拮抗菌发酵，然后以发酵产物进行抗菌活性实验，根据实验结果而获得产新抗生素的菌株。微生物代谢产物的抗菌活性常以管碟法与纸片法进行检测，根据透明抑菌圈的有无与大小作为依据。在此基础上先用发展起来的琼脂块高通量筛选及高通量筛选仪等可大大提高筛选效率。天然活性物质的抗菌作用除采用上述方法外，还可采用试管稀释法测定最低抑菌浓度（MIC）。

在检测物质的抗菌作用时，常用金黄色葡萄球菌作为革兰染色阳性细菌的代表菌株，大肠杆菌作为革兰染色阴性细菌的代表菌株，枯草芽孢杆菌作为产芽孢细菌的代表菌株，酿酒酵母作为酵母菌的代表菌株，实际工作中，青霉、曲霉均可作为测定物质抗丝状真菌效果的作用菌株。

三、实验材料

1. 菌种

金黄色葡萄球菌、大肠杆菌 24h 纯培养物。

2. 仪器设备

高压蒸汽灭菌锅、超净工作台、培养箱、冰箱。

3. 试剂耗材

牛肉膏蛋白胨培养基、青霉素纸片、链霉素纸片、棉棒、镊子、酒精、烧杯、培养皿等。

四、实验步骤

1. 涂布

用灭菌棉棒分别蘸取大肠杆菌、金黄色葡萄球菌培养物，涂布在琼脂表面，每种菌涂一个平皿（蘸菌棉棒用后，放入消毒缸中，勿乱丢）。

2. 添加纸片

用小镊子蘸酒精灼烧灭菌，待冷却后镊取一种药物纸片，贴在涂有细菌的培养基上，然后将镊子再蘸酒精烧灼后，镊取另一种药物纸片，贴布于琼脂培养基另一处，如此将几种药物纸片贴完，各纸片距离要大致相等。

3. 培养观察

将已做好的药敏琼脂培养基，置于37℃培养18~24h，观察各药物纸片的抑菌效果。即观察药物纸片周围有无抑菌圈，如有，在平皿底面用尺量其直径大小，记录抑菌圈的直径（包含纸片的直径），以毫米（mm）数报告（取整数）。测量每个平板3个抑菌圈直径，计算每次测量各平板3个抑菌圈直径的平均值，结果填于表2-3、表2-4内。

表2-3　青霉素对供试菌的抑菌效果（抑菌圈直径：　mm）

菌种名	培养时间/h					
	24	48	96	120	144	168

表2-4　链霉素对供试菌的抑菌效果（抑菌圈直径：　mm）

菌种名	培养时间/h					
	24	48	96	120	144	168

五、思考题

现有一种天然抗菌蛋白，简述测定其抗菌效果的方法步骤。

实验十四 微生物应用技术——鉴别培养基的应用

一、实验目的

1. 理解鉴别培养基的含义。

2. 掌握贝尔德-帕克（Baird-Parker，BP）培养基及沃勒斯坦营养琼脂（Wallerstein Laboratory Nutrient Agar，WL）培养基的原理及使用方法。

3. 熟悉金黄色葡萄球菌在BP培养基上的形态特征，熟悉酿酒酵母、假丝酵母、毕赤酵母在WL培养基上的形态特征。

二、实验原理

1. BP培养基

金黄色葡萄球菌的鉴别培养基是Baird-Parker（BP）培养基（其配方为：胰蛋白胨10g，牛肉膏粉5g，酵母膏粉1g，丙酮酸钠10g，甘氨酸12g，氯化锂5g，琼脂15g，ddH_2O 1000mL，最终pH7.0±0.2），在使用时添加亚碲酸钾卵黄增菌剂。该培养基在含有氮源的基础上，既补充了促进细菌生长的丙酮酸钠，又含有抑制剂亚碲酸钾（对金葡萄球菌没有抑制），故有较好的选择性，其能将亚碲酸钾还原为碲，在菌落中心呈黑色，易于观察。加入卵黄，由于卵磷脂酶阳性特征，其菌落周围可出现一明显的沉淀环，以示区别。金黄色葡萄球菌在该培养基上呈圆形，表面光滑、凸起、湿润，直径2~3mm，灰黑色至黑色，有光泽，常有浅色（非白色）的边缘，周围绕以不透明圈（沉淀），其外常有一清晰带（卵磷脂环）。

目前，该培养基有市售即用型，需冷藏使用。

2. WL培养基

WL琼脂培养基（%质量分数）：酵母浸粉0.5g，胰蛋白胨0.5g，葡萄糖5g，琼脂2g，磷酸二氢钾0.055g，氯化钾0.0425g，氯化钙0.0125g，氯化铁0.00025g，硫酸镁0.0125g，硫酸锰0.00025g，溴甲酚绿0.0022g，ddH_2O 1000mL，pH 6.5，121℃灭菌20min；在该培养基上，不同种属酵母显示不同的菌落形态。

目前，该培养基也有市售商业培养基，仅需溶解灭菌后即可使用。

三、实验材料

1. 菌种

金黄色葡萄球菌、酿酒酵母、假丝酵母、毕赤酵母的纯培养斜面各1支。

2. 仪器设备

高压蒸汽灭菌锅、超净工作台、培养箱、电磁炉等。

3. 试剂耗材

BP商业培养基、WL琼脂培养基、培养皿、接种针、酒精灯等。

四、实验步骤

1. BP 培养基对金黄色葡萄球菌的鉴别作用

（1）称取 BP 琼脂基础培养基 58g，加入蒸馏水或去离子水 950mL，搅拌加热煮沸至完全溶解，分装三角瓶，121℃高压灭菌 15min，冷至 50℃左右。

（2）取亚碲酸钾卵黄增菌剂 1 支，加入 47.5mL 培养基中，摇匀后倾注平板。

（3）取待检菌的新鲜纯培养物，划线接种于平板上，置 36℃±1℃培养 24，ddH_2O 1000mL，48h。

（4）结果观察。金黄色葡萄球菌在平板上为圆形，光滑，凸起，湿润，直径为 2～3mm，颜色呈灰色到黑色，边缘为淡色，周围为一浑浊带，在其外围有一透明带。用接种针接触菌落似有奶油树胶的软度。

2. WL 培养基的鉴别作用

称取 WL 培养基商品培养基 78.25g，加热溶解于 1000mL 蒸馏水中，分装三角瓶，121℃高压灭菌 15min，备用。

取酿酒酵母、假丝酵母、毕赤酵母纯培养物，分别划线接种到 WL 平板上，28℃培养 36～54h，观察记录菌落形态，列表比较各菌株菌落形态。

五、思考题

大肠杆菌、产淀粉酶细菌可使用何种培养基对其进行鉴别？原理是什么？

第三章　理化分析

实验一　水分的测定

水分的测定

一、实验目的

1. 了解水分测定的原理及方法。
2. 掌握常压干燥法测定水分的方法。

二、实验原理

我国国家标准中规定了以下几种食品中水分的测定方法。

（1）第一法（直接干燥法）　适用于在101~105℃下，蔬菜、谷物及其制品、水产品、豆制品、乳制品、肉制品、卤菜制品、粮食（水分含量低于18%）、油料（水分含量低于13%）、淀粉及茶叶类等食品中水分的测定，不适用于水分含量小于0.5g/100g的样品。

（2）第二法（减压干燥法）　适用于高温易分解的样品及水分较多的样品（如糖、味精等食品）中水分的测定，不适用于添加了其他原料的糖果（如奶糖、软糖等食品）中水分的测定，不适用于水分含量小于0.5g/100g的样品（糖和味精除外）。

（3）第三法（蒸馏法）　适用于含水较多又有较多挥发性成分的水果、香辛料及调味品、肉与肉制品等食品中水分的测定，不适用于水分含量小于1g/100g的样品。

（4）第四法（卡尔·费休法）　适用于食品中含微量水分的测定，不适用于含有氧化剂、还原剂、碱性氧化物、氢氧化物、碳酸盐、硼酸等食品中水分的测定。卡尔·费休法适用于水分含量大于1.0×10^{-3}g/100g的样品。

本次实验采用直接干燥法测定食品中水分：在101.3kPa（一个大气压）、温度101~105℃下，采用挥发方法测定样品中干燥减少的质量，包括吸湿水、部分结晶水和该条件下能挥发的物质，再通过干燥前后的称量数值计算出水分的含量。

三、实验材料

1. 实验原料

待测样品。

2. 仪器设备

扁形铝制或玻璃制称量瓶、电热恒温干燥箱、干燥器（内附有效干燥剂）、分析天平。

3. 试剂耗材

盐酸溶液（6mol/L）：量取50mL盐酸，加水稀释至100mL。

氢氧化钠溶液（6mol/L）：称取 24g 氢氧化钠，加水溶解并稀释至 100mL。

海砂：取用水洗去泥土的海砂、河砂、石英砂或类似物，先用盐酸溶液（6mol/L）煮沸 0.5h，用水洗至中性，再用氢氧化钠溶液（6mol/L）煮沸 0.5h，用水洗至中性，经 105℃ 干燥备用。

四、实验步骤

1. 固体试样

取洁净铝制或玻璃制的扁形称量瓶，置于 101～105℃ 干燥箱中，瓶盖斜支于瓶边，加热 1.0h，取出盖好，置干燥器内冷却 0.5h，称量，并重复干燥至前后两次质量差不超过 2mg，即为恒重。将混合均匀的试样迅速磨细至颗粒小于 2mm，不易研磨的样品应尽可能切碎，称取 2～10g 试样（精确至 0.0001g），放入此称量瓶中，试样厚度不超过 5mm，如为疏松试样，厚度不超过 10mm，加盖，精密称量后，置于 101～105℃ 干燥箱中，瓶盖斜支于瓶边，干燥 2～4h 后，盖好取出，放入干燥器内冷却 0.5h 后称量。然后再放入 101～105℃ 干燥箱中干燥 1h 左右，取出，放入干燥器内冷却 0.5h 后再称量。并重复以上操作至前后两次质量差不超过 2mg，即为恒重（注：两次恒重值在最后计算中，取质量较小的一次称量值）。常压干燥法测定水分操作步骤如图 3-1 所示。

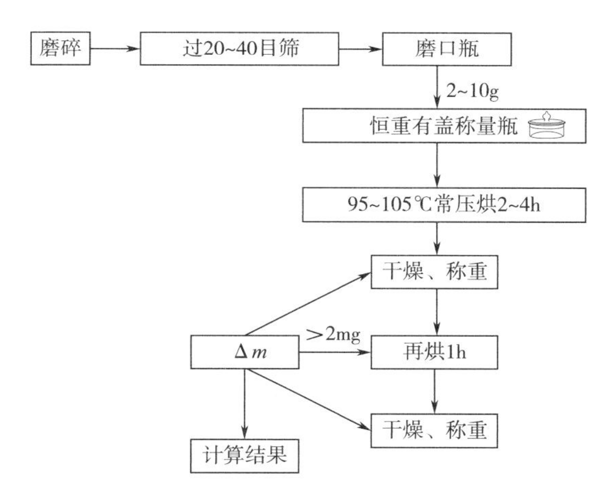

图 3-1　常压干燥法测定水分操作步骤

2. 半固体或液体试样

取洁净的称量瓶，内加 10g 海砂（实验过程中可根据需要适当增加海砂的质量）及一根小玻棒，置于 101～105℃ 干燥箱中，干燥 1.0h 后取出，放入干燥器内冷却 0.5h 后称量，并重复干燥至恒重。然后称取 5～10g 试样（精确至 0.0001g），置于称量瓶中，用小玻棒搅匀放在沸水浴上蒸干，并随时搅拌，擦去瓶底的水滴，置于 101～105℃ 干燥箱中干燥 4h 后盖好取出，放入干燥器内冷却 0.5h 后称量。然后再放入 101～105℃ 干燥箱中干燥 1h 左右，取出，放入干燥器内冷却 0.5h 后再称量。并重复以上操作至前后两次质量差不超过 2mg，即为恒重。

3. 结果计算

试样中的水分含量，按式（3-1）进行计算：

$$X=(m_1-m_2)/(m_1-m_3) \tag{3-1}$$

式中　X——试样中水分的含量，g/100g

m_1——称量瓶（加海砂、玻棒）和试样的质量，g

m_2——称量瓶（加海砂、玻棒）和试样干燥后的质量，g

m_3——称量瓶（加海砂、玻棒）的质量，g

水分含量≥1g/100g时，计算结果保留三位有效数字；水分含量<1g/100g时，计算结果保留两位有效数字。

4. 注意事项

（1）测定水分比较费时，要尽量加快水分的蒸发速度，有时为防止样品的氧化，可在干燥室内通入氮气。

（2）注意操作中的样品损失和异物落入。

（3）接触已称量的样品容器时，应戴干净的手套或用坩埚钳，不得直接用手拿取样品盒。

（4）一般采用加热失重来表示食品的水分。但在此情况下减失的质量并不完全是水分，还包括少量的易挥发物质。但一般情况下此类挥发物质极少，笼统地称为水分。含挥发性物质较多的样品不宜采用烘烤法进行水分测定，而应采用蒸馏法。

（5）要将对象干燥至恒重，干燥后应将样品置于干燥皿中冷却后称量。

五、思考题

比较各种水分测量方法的应用范围及注意事项。

实验二　酒精计法测定酒精含量

比重计法测定酒精含量

酒度的测定

一、实验目的

掌握酒精计测定酒精含量的方法。

二、实验原理

以蒸馏法去除样品中不挥发性物质，用酒精计测得酒精体积分数示值，通过温度校正求得在20℃时乙醇含量的体积分数，即为酒精度。

三、实验材料

1. 实验原料

待测酒样。

2. 仪器设备

电炉、酒精计（图3-2）：分度值为0.1%vol。

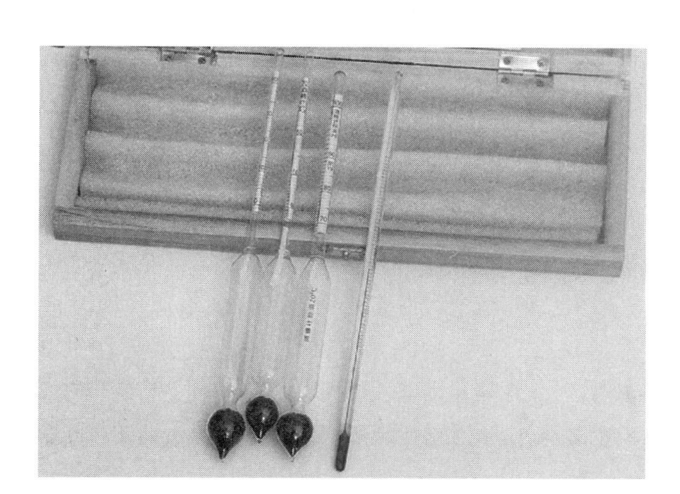

图3-2　酒精计

3. 试剂耗材

全玻璃蒸馏器：500mL，1000mL。

四、实验步骤

1. 蒸馏

（1）蒸馏酒、发酵酒和配制酒样品制备（不包括啤酒和起泡葡萄酒）　用一洁净、干燥的100mL容量瓶，准确量取样品（液温20℃）100mL于500mL蒸馏瓶中，用50mL水分三次冲洗容量瓶，洗液并入500mL蒸馏瓶中，加几颗沸石（或玻璃珠），连接蛇形冷凝管，以取样用的原容量瓶作接收器（外加冰浴），开启冷却水（冷却水温度宜低于15℃），缓慢加热蒸馏，收集馏出液。当接近刻度时，取下容量瓶，盖塞，于20℃水浴中保温30min，再补加水至刻度，混匀，备用。

（2）啤酒和起泡葡萄酒样品制备　样品去除二氧化碳：在保证样品有代表性，不损失或少损失酒精的前提下，用振摇、超声波或搅拌等方式除去酒样中的二氧化碳气体。样品去除二氧化碳有以下两种方法。

①第一法：将恒温至15~20℃的酒样约300mL倒入1000mL锥形瓶中，加橡皮塞，在恒温内，轻轻摇动，开塞放气（开始有“砰砰”声），盖塞。反复操作，直至无气体逸出为止。用单层中速干滤纸（漏斗上面盖表面玻璃）过滤。

②第二法：采用超声波或磁力搅拌法除气，将恒温至15~20℃的酒样约300mL移入带排气塞的瓶中，置于超声波水槽中（或搅拌器上），超声（或搅拌）一定时间后，用单层中速干滤纸过滤（漏斗上面盖表面玻璃）。

注：要通过与第一法比对，使其酒精度测定结果相似，以确定超声（或搅拌）时间和温度。试样去除二氧化碳后，收集于具塞锥形瓶中，温度保持在15~20℃，密封保存，限制在2h内使用。

蒸馏方法同（1）。

（3）发酵酒（不包括啤酒）及配制酒

用一洁净、干燥的200mL容量瓶，准确量取200mL（具体取样量应按酒精计的要求增减）样品（液温20℃）于500mL或1000mL蒸馏瓶中，以下操作同（1）。

2. 酒精含量测定

（1）酒精和蒸馏酒　将试样液注入洁净、干燥的100mL量筒中，静置数分钟，待酒中气泡消失后，放入洁净、擦干的酒精计，再轻轻按一下，不应接触量筒壁，同时插入温度计，平衡约5min，水平观测，读取与弯月面相切处的刻度示值，同时记录温度。

（2）发酵酒（不包括啤酒）及配制酒　将试样液注入洁净、干燥的200mL量筒中，静置数分钟，待酒中气泡消失后，放入洁净、擦干的酒精计，再轻轻按一下，不应接触量筒壁，同时插入温度计，平衡约5min，水平观测，读取与弯月面相切处的刻度示值，同时记录温度。

3. 结果计算

根据测得的酒精计示值和温度，参考GB 5009. 225—2016《食品安全国家标准　酒中乙醇浓度的测定》的附录B，将测得的温度及酒度纵横连接处的交点，即为换算成20℃时样品的酒精度，以体积分数“%vol”表示。以重复性条件下获得的两次独立测定结果的算术平均值表示，结果保留至小数点后一位。在重复性条件下获得的两次独立测定结果的绝对差值不得超过0. 5%vol。

4. 注意事项

（1）选择适宜量程的酒精计。

（2）温度计读数时不要拿出液体，否则酒精挥发会导致温度降低。

五、思考题

1. 酒精含量测定误差可能来自哪些环节？
2. 查阅资料，比较密度瓶法、气相色谱法、密度折光法等酒精含量测定方法与本法的差异。

实验三　酒糟酸度的测定

近红外法测定糟醅成分

一、实验目的

掌握酒糟中酸度测定的方法。

二、实验原理

试样经过处理后，以酚酞作为指示剂，用0.1000mol/L氢氧化钠标准溶液滴定至中性，消耗氢氧化钠溶液的体积数，经计算确定试样的酸度。

三、实验材料

1. 实验原料

浓香型白酒出窖酒糟。

2. 仪器设备

振荡器、分析天平（感量为0.001g）、水浴锅等。

3. 试剂耗材

氢氧化钠（NaOH）、七水硫酸钴（$CoSO_4 \cdot 7H_2O$）、酚酞、95%乙醇、乙醚、氮气：纯度为98%的三氯甲烷（$CHCl_3$）。

氢氧化钠标准溶液（0.1000mol/L）：称取0.75g于105~110℃电烘箱中干燥至恒重的工作基准试剂邻苯二甲酸氢钾，加入50mL无二氧化碳的水溶解，加入2滴酚酞指示液（10g/L），用配制好的氢氧化钠溶液滴定至溶液呈粉红色，并保持30s。同时做空白试验。

注：把二氧化碳（CO_2）限制在洗涤瓶或者干燥管，避免滴管中NaOH因吸收CO_2而影响其浓度。可通过盛有10%氢氧化钠溶液洗涤瓶连接的装有氢氧化钠溶液的滴定管，或者通过连接装有新鲜氢氧化钠或氧化钙的滴定管末尾而形成一个封闭的体系，避免此溶液吸收二氧化碳（CO_2）。

参比溶液：将3g七水硫酸钴溶解于水中，并定容至100mL。

酚酞指示液：称取0.5g酚酞溶于75mL 95%的乙醇中，并加入20mL水，然后滴加氢氧化钠溶液至微粉色，再加入水定容至100mL。

中性乙醇-乙醚混合液取等体积的乙醇、乙醚混合后加3滴酚酞指示液，以氢氧化钠溶液（0.1mol/L）滴至微红色。

不含二氧化碳的蒸馏水：将水煮沸15min，逐出二氧化碳，冷却，密闭。

碱式滴定管（容量10mL，最小刻度0.05mL）、碱式滴定管（容量25mL，最小刻度0.1mL）、锥形瓶（100mL、150mL、250mL）、具塞磨口锥形瓶（250mL）、中速定性滤纸、移液管（10mL、20mL）、量筒（50mL、250mL）、玻璃漏斗和漏斗架等。

四、实验步骤

1. 试剂配制

（1）氢氧化钠标准溶液 称取分析纯氢氧化钠 4.2g 于烧杯中，加新蒸馏无二氧化碳水定容至 100mL。

（2）氢氧化钠的标定 称取邻苯二甲酸氢钾 0.6g（105℃干燥到恒重）加水 50mg 溶解，加入 2 滴酚酞，用已配好的氢氧化钠溶液进行滴定，读取耗用的体积数。

计算公式如式（3-2）。

$$C=\frac{G}{V\times10^{-3}\times204.2} \tag{3-2}$$

式中 C——氢氧化钠的浓度，mol/L

G——邻苯二甲酸氢钾的质量，g

V——消耗氢氧化钠溶液的体积，mL

204.2——邻苯二甲酸氢钾的摩尔质量，g/mol

（3）1%酚酞指示剂 称取酚酞 1g 溶于 100mL 60%乙醇中。

2. 试样处理

称取试样 10g 置于 150mL 烧杯中，加水 100mL，搅匀于室温下浸泡 30min，每隔 15min 搅拌 30 转，用脱脂棉过滤，滤液 10mL 转入 150~250mL 三角烧杯中，加 20mL 水备用。

3. 滴定

向一只装有 100mL 约 20℃的水的锥形瓶中加入 2.0mL 参比溶液，轻轻转动，使之混合，得到标准参比颜色。如果要测定多个相似的产品，则此参比溶液可用于整个测定过程，但时间不得超过 2h。

向装有样品的锥形瓶中加入 2~3 滴酚酞指示剂，混匀后用氢氧化钠标准溶液滴定，边滴加边转动烧瓶，直到颜色与参比溶液的颜色相似，且 5s 内不消退，整个滴定过程应在 45s 内完成。滴定过程中，向锥形瓶中吹氮气，防止溶液吸收空气中的二氧化碳。读取消耗氢氧化钠标准溶液的毫升数（V），代入式（3-3）计算。

4. 计算

酸度（°T）单位定义：以 10g 试样所消耗的 0.1mol/L 氢氧化钠体积（mL）计，单位为 mL/10g。

$$酸度=\frac{C\times(V-V_0)\times10}{m\times0.100}\ (\text{mL/10g}) \tag{3-3}$$

式中 C——氢氧化钠的摩尔浓度，mol/L

V——消耗氢氧化钠溶液的体积，mL

V_0——空白消耗氢氧化钠溶液的体积，mL

m——称取样品质量，g

五、思考题

影响酒糟酸度测定结果的主要因素有哪些？

实验四　直接滴定法测定还原糖含量

还原糖含量测定

糟醅还原糖含量的测定

一、实验目的

1. 理解直接滴定法测定还原糖含量的原理。
2. 掌握直接滴定法测定还原糖含量的方法。

二、实验原理

将一定量的碱性酒石酸铜甲、乙液等量混合，立即生成天蓝色的氢氧化铜沉淀，这种沉淀很快与酒石酸钾反应，生成深蓝色的可溶性酒石酸钾钠铜络合物。在加热条件下，以次甲基蓝作为指示剂，用样液滴定，样液中的还原糖与酒石酸钾钠铜反应，生成红色的氧化亚铜沉淀，这种沉淀与亚铁氰化钾络合成可溶的无色络合物，二价铜全部被还原后，稍过量的还原糖还原次甲基蓝，溶液由蓝色变为无色，即为滴定终点，根据样液消耗量可计算出还原糖含量。

计算还原糖的量有两种方法：

（1）用已知浓度的葡萄糖标准溶液标定的方法。

（2）利用通过实验编制出的还原糖检索表来计算。使用该法时，在测定过程中要严格遵守标定或制表时所规定的操作条件，如热源强度（电炉功率）、锥形瓶规格、加热时间、滴定速度等。

本法是国家标准分析方法，是在蓝-爱农法基础上发展起来的，其特点是试剂用量少，操作和计算都比较简便、快速，滴定终点明显。适用于各类样品中还原糖的测定。但测定酱油、深色果汁等样品时，因色素干扰，滴定终点常常模糊不清，影响准确性。

因此，国家标准第二法引入了高锰酸钾滴定法，其原理为：试样经除去蛋白质后，其中还原糖把铜盐还原为氧化亚铜，加硫酸铁后，氧化亚铜被氧化为铜盐，经高锰酸钾溶液滴定氧化作用后生成的亚铁盐，根据高锰酸钾消耗量，计算氧化亚铜含量，再查表得还原糖量。该方法适宜用于有色溶液，准确度高，重现性好，准确度和重现性都优于直接滴定法，但操作复杂、费时，需使用特制的高锰酸钾法糖类检索表。

三、实验材料

1. 实验原料

待测样品。

2. 仪器设备

天平（感量为 0.1mg）、水浴锅、可调温电炉、25mL 酸式滴定管。

3. 试剂耗材

盐酸溶液（1+1，体积比）：量取盐酸 50mL，加水 50mL 混匀。

碱性酒石酸铜甲液：称取硫酸铜 15g 和亚甲蓝 0.05g，溶于水中，并稀释至 1000mL。

碱性酒石酸铜乙液：称取酒石酸钾钠 50g 和氢氧化钠 75g，溶解于水中，再加入亚铁氰化钾 4g，完全溶解后，用水定容至 1000mL，贮存于橡胶塞玻璃瓶中。

乙酸锌溶液：称取乙酸锌 21.9g，加冰乙酸 3mL，加水溶解并定容于 100mL。

亚铁氰化钾溶液（106g/L）：称取亚铁氰化钾 10.6g，加水溶解并定容至 100mL。

氢氧化钠溶液（40g/L）：称取氢氧化钠 4g，加水溶解后，放冷，并定容至 100mL。

葡萄糖标准溶液（1.0mg/mL）：准确称取经过 98～100℃烘箱中干燥 2h 后的葡萄糖 1g，加水溶解后加入盐酸溶液 5mL，并用水定容至 1000mL。此溶液每毫升相当于 1.0mg 葡萄糖。

四、实验步骤

还原糖测定步骤如图 3-3 所示。

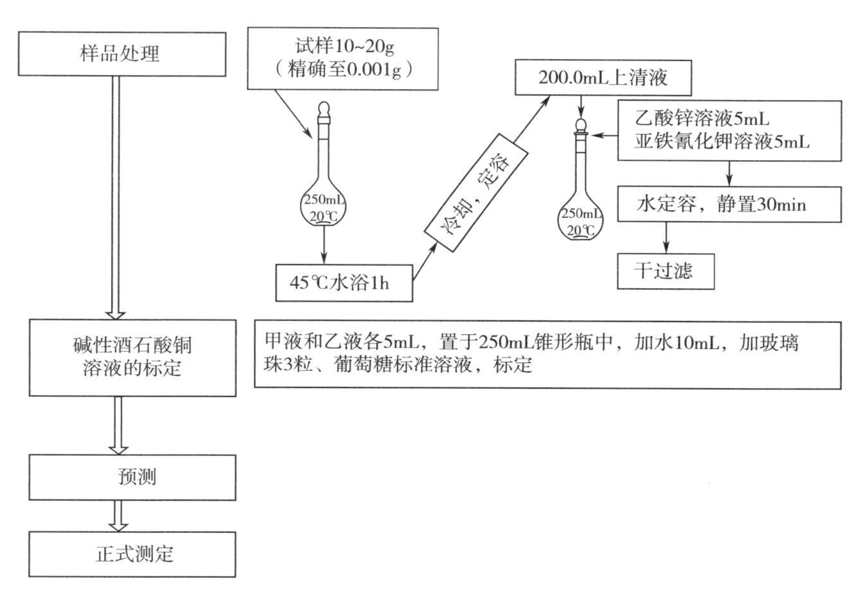

图 3-3　还原糖测定步骤

1. 样品预处理

一般固体样品：称取粉碎后的固体试样 2.5～5g（精确至 0.001g）或混匀后的液体试样 5～25g（精确至 0.001g），置 250mL 容量瓶中，加 50mL 水，缓慢加入乙酸锌溶液 5mL 和亚铁氰化钾溶液 5mL，加水至刻度，混匀，静置 30min，用干燥滤纸过滤，弃去初滤液，取后续滤液备用。

含淀粉的样品：称取粉碎或混匀后的试样 10～20g（精确至 0.001g），置 250mL 容量瓶中，加水 200mL，在 45℃水浴中加热 1h，并时时振摇，冷却后加水至刻度，混匀，静置，沉淀。吸取 200mL 上清液置于另一 250mL 容量瓶中，缓慢加入乙酸锌溶液 5mL 和亚铁氰化钾溶液 5mL，加水至刻度，混匀，静置 30min，用干燥滤纸过滤，弃去初滤液，取后续滤液备用。

酒精饮料：称取混匀后的试样 100g（精确至 0.01g），置于蒸发皿中，用氢氧化钠溶液中和至中性，在水浴上蒸发至原体积的 1/4 后，移入 250mL 容量瓶中，缓慢加入乙酸锌溶液 5mL 和亚铁氰化钾溶液 5mL，加水至刻度，混匀，静置 30min，用干燥滤纸过滤，弃去初滤液，取后续滤液备用。

碳酸饮料：称取混匀后的试样 100g（精确至 0.01g）于蒸发皿中，在水浴上微热搅拌除去二氧化碳后，移入 250mL 容量瓶中，用水洗涤蒸发皿，洗液并入容量瓶，加水至刻度，混匀后备用。

2. 碱性酒石酸铜溶液的标定

吸取碱性酒石酸铜甲液 5.0mL 和碱性酒石酸铜乙液 5.0mL，于 150mL 锥形瓶中，加水 10mL，加入玻璃珠 2~4 粒，从滴定管中加葡萄糖标准溶液约 9mL，控制在 2min 中内加热至沸，趁热以 1 滴/2s 的速度继续滴加葡萄糖标准溶液，直至溶液蓝色刚好褪去为终点，记录消耗葡萄糖标准溶液的总体积，同时平行操作 3 份，取其平均值，计算每 10mL（碱性酒石酸甲、乙液各 5mL）碱性酒石酸铜溶液相当于葡萄糖的质量（mg）。

注：也可以按上述方法标定 4mL~20mL 碱性酒石酸铜溶液（甲、乙液各半）来适应试样中还原糖的浓度变化。

3. 试样溶液预测

吸取碱性酒石酸铜甲液 5mL 和碱性酒石酸铜乙液 5mL 于 150mL 锥形瓶中，加水 10mL，加入玻璃珠 2~4 粒，控制在 2min 内加热至沸，保持沸腾以先快后慢的速度，从滴定管中滴加试样溶液，并保持沸腾状态，待溶液颜色变浅时，以 1 滴/2s 的速度滴定，直至溶液蓝色刚好褪去为终点，记录样品溶液消耗体积。

注：当样液中还原糖浓度过高时，应适当稀释后再进行正式测定，使每次滴定消耗样液的体积控制在与标定碱性酒石酸铜溶液时所消耗的还原糖标准溶液的体积相近，约 10mL 左右，结果按式（3-4）计算；当浓度过低时则采取直接加入 10mL 样品液，免去加水 10mL，再用还原糖标准溶液滴定至终点，记录消耗的体积与标定时消耗的还原糖标准溶液体积之差相当于 10mL 样液中所含还原糖的量，结果按式（3-5）计算。

4. 试样溶液测定

吸取碱性酒石酸铜甲液 5mL 和碱性酒石酸铜乙液 5mL，置于 150mL 锥形瓶中，加水 10mL，加入玻璃珠 2~4 粒，从滴定管滴加比预测体积少 1mL 的试样溶液至锥形瓶中，控制在 2min 内加热至沸，保持沸腾继续以 1 滴/2s 的速度滴定，直至蓝色刚好褪去为终点，记录样液消耗体积，同法平行操作三份，得出平均消耗体积（V）。

5. 结果计算

试样中还原糖的含量如式（3-4）所示。

$$X\text{（以葡萄糖计）}=\frac{m_1}{m\times F\times V/250\times 1000}\times 100\ \text{（g/100g）} \tag{3-4}$$

式中 m_1——碱性酒石酸铜溶液（甲、乙液各半）相当于某种还原糖的质量，mg

m——试样质量，g

F——系数，除酒精饮料为 0.80 外，其余样品为 1

V——测定时平均消耗试样溶液体积，mL

250——定容体积，mL

1000——换算系数

当浓度过低时，试样中还原糖的含量如式（3-5）所示。

$$X（以某种还原糖计）=\frac{m_2}{m\times F\times 10/250\times 1000}\times 100\ (g/100g) \qquad (3-5)$$

式中　m_2——标定时体积与加入样品后消耗的还原糖标准溶液体积之差相当于某种还原糖的质量，mg

m——试样质量，g

F——系数，除酒精饮料为0.80外，其余样品为1

10——样液体积，mL

250——定容体积，mL

1000——换算系数

还原糖含量≥10g/100g时，计算结果保留三位有效数字；还原糖含量<10g/100g时，计算结果保留两位有效数字。在重复性条件下获得的两次独立测定结果的绝对差值不得超过算术平均值的5%。当称样量为5g时，本方法的定量限为0.25g/100g。

6. 注意事项

（1）此法测得的是总还原糖量。

（2）避免铜离子污染。

（3）甲液和乙液应分别贮存。

（4）滴定必须在沸腾条件下进行。

（5）防止空气进入反应溶液。

（6）样品溶液预测。

（7）控制反应液碱度、热源强度、煮沸时间和滴定速度。

五、思考题

还原糖含量的测定还有哪些方法？请列表比较其原理、应用范围及定量特点。

实验五　酸酶法测定淀粉含量

糟醅淀粉含量的测定

一、实验目的

1. 理解酸酶法测定淀粉含量的原理。
2. 掌握酸酶法测定淀粉含量的方法。
3. 进一步巩固直接滴定法测定还原糖含量的方法。

二、实验原理

试样经去除脂肪及可溶性糖后，淀粉用淀粉酶水解成小分子糖，再用盐酸水解成单糖，最后按还原糖测定，并折算成淀粉含量。

三、实验材料

1. 实验原料

待测酒糟样品。

2. 仪器设备

天平（感量为 1mg 和 0.1mg）、恒温水浴锅、组织捣碎机、电炉、酸式滴定管等。

3. 试剂耗材

甲基红指示液（2g/L）：称取甲基红 0.20g，用少量乙醇溶解后，加水定容至 100mL。

盐酸溶液（1+1）：量取 50mL 盐酸与 50mL 水混合。

氢氧化钠溶液（200g/L）：称取 20g 氢氧化钠，加水溶解并定容至 100mL。

碱性酒石酸铜甲液：称取 15g 硫酸铜及 0.050g 亚甲蓝，溶于水中并定容至 1000mL。

碱性酒石酸铜乙液：称取 50g 酒石酸钾钠、75g 氢氧化钠，溶于水中，再加入 4g 亚铁氰化钾，完全溶解后，用水定容至 1000mL，贮存于橡胶塞玻璃瓶内。

淀粉酶溶液（5g/L）：称取高峰氏淀粉酶 0.5g，加 100mL 水溶解，临用时配制；也可加入数滴甲苯或三氯甲烷防止长霉，置于 4℃ 冰箱中。

碘溶液：称取 3.6g 碘化钾溶于 20mL 水中，加入 1.3g 碘，溶解后加水定容至 100mL。

乙醇溶液（85%，体积比）：取 85mL 无水乙醇，加水定容至 100mL 混匀。也可用 95% 乙醇配制。

无水葡萄糖标准溶液：准确称取 1g（精确到 0.0001g）经过 98～100℃ 干燥 2h 的 D-无水葡萄糖，加水溶解后加入 5mL 盐酸，并以水定容至 1000mL。此溶液每毫升相当于 1.0mg 葡萄糖。

四、实验步骤

酸酶法和酸解法测定淀粉含量的样品预处理过程分别如图 3-4、图 3-5 所示。

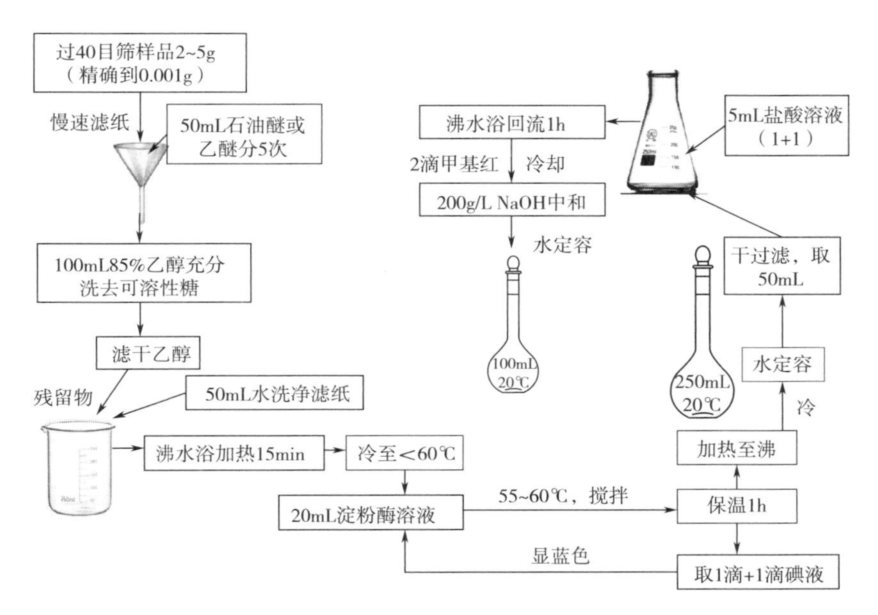

图 3-4 酸酶法测定淀粉含量的样品预处理过程

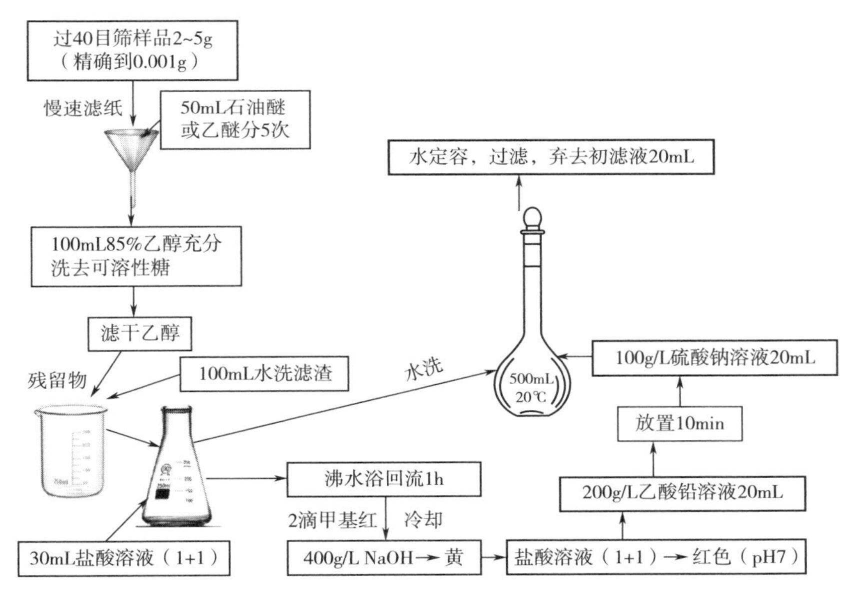

图 3-5 酸解法测定淀粉含量的样品预处理过程

1. 样品预处理

易于粉碎的样品：将样品磨碎过 0.425mm 筛（相当于 40 目），称取 2~5g（精确到 0.001g），置于放有折叠慢速滤纸的漏斗内，先用 50mL 石油醚或乙醚分 5 次洗除脂肪，再用约 100mL 乙醇（85%，体积比）分次充分洗去可溶性糖类。根据样品的实际情况，可适当增加洗涤液的用量和洗涤次数，以保证干扰检测的可溶性糖类物质洗涤完全。滤干乙醇，将残留物移入 250mL 烧杯内，并用 50mL 水洗净滤纸，洗液并入烧杯内，将烧杯置沸水浴上加热 15min，使淀粉糊化，放冷至 60℃以下，加 20mL 淀粉酶溶液，在 55～60℃保温 1h，并时时搅拌。然后取 1 滴此液加 1 滴碘溶液，应不显现蓝色。若显蓝色，再加热糊化并加 20mL 淀粉酶溶液，继续保温，直至加碘溶液不显蓝色为止。加热至沸，冷后移入 250mL 容量瓶中，并加水至刻度，混匀，过滤，并弃去初滤液。

取 50.00mL 滤液，置于 250mL 锥形瓶中，加 5mL 盐酸溶液（1+1），装上回流冷凝器，在沸水浴中回流 1h，冷后加 2 滴甲基红指示液，用氢氧化钠溶液（200g/L）中和至中性，溶液转入 100mL 容量瓶中，洗涤锥形瓶，洗液并入 100mL 容量瓶中，加水至刻度，混匀备用。

其他样品：称取一定量样品，准确加入适量水在组织捣碎机中捣成匀浆，称取相当于原样质量 2.5～5g（精确到 0.001g）匀浆，以下除脂肪、糖等后续处理方法同上。

2. 标定碱性酒石酸铜溶液

吸取 5mL 碱性酒石酸铜甲液及 5mL 碱性酒石酸铜乙液，置于 150mL 锥形瓶中，加水 10mL，加入玻璃珠两粒，从滴定管滴加约 9mL 葡萄糖标准溶液，控制在 2min 内加热至沸，保持溶液呈沸腾状态，以 1 滴/2s 的速度继续滴加葡萄糖，直至溶液蓝色刚好褪去为终点，记录消耗葡萄糖标准溶液的总体积，同时做三份平行实验，取其平均值，计算每 10mL（甲、乙液各 5mL）碱性酒石酸铜溶液相当于葡萄糖的质量 m_1（mg）。

注：也可以按上述方法标定 4～20mL 碱性酒石酸铜溶液（甲、乙液各半）来适应试样中还原糖的浓度变化。

3. 试样溶液预测

吸取 5mL 碱性酒石酸铜甲液及 5mL 碱性酒石酸铜乙液，置于 150mL 锥形瓶中，加水 10mL，加入玻璃珠两粒，控制在 2min 内加热至沸，保持沸腾以先快后慢的速度，从滴定管中滴加试样溶液，并保持溶液沸腾状态，待溶液颜色变浅时，以 1 滴/2s 的速度滴定，直至溶液蓝色刚好褪去为终点。记录试样溶液的消耗体积。当样液中葡萄糖浓度过高时，应适当稀释后再进行正式测定，使每次滴定消耗试样溶液的体积控制在与标定碱性酒石酸铜溶液时，所消耗的葡萄糖标准溶液的体积相近，约 10mL。

4. 试样溶液测定

吸取 5mL 碱性酒石酸铜甲液及 5mL 碱性酒石酸铜乙液，置于 150mL 锥形瓶中，加水 10mL，加入玻璃珠两粒，从滴定管滴加比预测体积少 1mL 的试样溶液至锥形瓶中，使在 2min 内加热至沸，保持沸腾状态继续以 1 滴/2s 的速度滴定，直至蓝色刚好褪去为终点，记录样液消耗体积。同法平行操作三份，得出平均消耗体积。结果按式（3-6）计算。当浓度过低时，则采取直接加入 10mL 样品液，免去加水 10mL，再用葡萄糖标准溶液滴定至终点，记录消耗的体积与标定时消耗的葡萄糖标准溶液体积之差相当于 10mL 样液中所含葡萄糖的量（mg）。结果按式（3-7）、式（3-8）计算。

5. 试剂空白测定

同时量取 20mL 水及与试样溶液处理时相同量的淀粉酶溶液，按反滴法做试剂空白试验。即：用葡萄糖标准溶液滴定试剂空白溶液至终点，记录消耗的体积与标定时消耗的葡萄糖标准溶液体积之差相当于 10mL 样液中所含葡萄糖的量（mg）。按式（3-9）、式

（3-10）计算试剂空白中葡萄糖的含量。

6. 结果计算

（1）试样中葡萄糖含量按式（3-6）计算。

$$试样中葡萄糖含量\ X_1=\frac{m_1}{\frac{50}{250}\times\frac{V_1}{100}}\ (\text{mg}) \tag{3-6}$$

式中　m_1——10mL 碱性酒石酸铜溶液（甲、乙液各半）相当于葡萄糖的质量，mg

50——测定用样品溶液体积，mL

250——样品定容体积，mL

V_1——测定时平均消耗试样溶液体积，mL

100——测定用样品的定容体积，mL

（2）当试样中淀粉浓度过低时葡萄糖含量按式（3-7）、式（3-8）进行计算。

$$X_2=\frac{m_2}{\frac{50}{250}\times\frac{10}{100}}\ (\text{mg}) \tag{3-7}$$

$$m_2=m_1\left(1-\frac{V_2}{V_s}\right) \tag{3-8}$$

式中　m_2——标定 10mL 碱性酒石酸铜溶液（甲、乙液各半）时消耗的葡萄糖标准溶液的体积与加入试样后消耗的葡萄糖标准溶液体积之差相当于葡萄糖的质量，mg

50——测定用样品溶液体积，mL

250——样品定容体积，mL

10——直接加入的试样体积，mL

100——测定用样品的定容体积，mL

m_1——10mL 碱性酒石酸铜溶液（甲、乙液各半）相当于葡萄糖的质量，mg

V_2——加入试样后消耗的葡萄糖标准溶液体积，mL

V_s——标定 10mL 碱性酒石酸铜溶液（甲、乙液各半）时消耗的葡萄糖标准溶液的体积，mL

（3）试剂空白值按式（3-9）、式（3-10）计算。

$$X_0=\frac{m_0}{\frac{50}{250}\times\frac{10}{100}} \tag{3-9}$$

$$m_0=m_1\left(1-\frac{V_0}{V_s}\right) \tag{3-10}$$

式中　X_0——试剂空白值，mg

m_0——标定 10mL 碱性酒石酸铜溶液（甲、乙液各半）时消耗的葡萄糖标准溶液的体积与加入空白后消耗的葡萄糖标准溶液体积之差相当于葡萄糖的质量，mg

50——测定用样品溶液体积，mL

250——样品定容体积，mL

10——直接加入的试样体积，mL

100——测定用样品的定容体积，mL

V_0——加入空白试样后消耗的葡萄糖标准溶液体积，mL

V_s——标定 10mL 碱性酒石酸铜溶液（甲、乙液各半）时消耗的葡萄糖标准溶液的体积，mL

（4）试样中淀粉的含量按式（3-11）计算。

$$X=\frac{[X_1（或X_2）-X_0]\times 0.9}{m\times 1000}\times 100\ (g/100g) \tag{3-11}$$

式中 0.9——还原糖（以葡萄糖计）换算成淀粉的换算系数

m——试样质量，g

结果<1g/100g，保留两位有效数字。结果≥1g/100g，保留 3 位有效数字。在重复性条件下获得的两次独立测定结果的绝对差值不得超过算术平均值的 10%。

7. 注意事项

（1）因为淀粉酶有严格的选择性，其只水解淀粉而不会水解其他多糖，水解后通过过滤可除去其他多糖。所以该法不受半纤维素、多缩戊糖、果胶质等多糖的干扰，适合于这类多糖含量高的样品，分析结果准确可靠，但操作复杂费时。

（2）酶水解开始要使淀粉糊化，将烧杯置沸水浴上加热 15min，使放冷至 60℃以下，然后再加入 20mL 淀粉酶溶液，在 55~60℃下保温 1h，并不时搅拌。

五、思考题

1. 本法主要的误差来源有哪些？
2. 比较酸酶法、酸水解法、双酶法、旋光法测定淀粉含量的差异？

实验六　总糖的测定

一、实验目的

1. 掌握蒽酮法测定可溶性糖含量的原理和方法。

2. 学习可溶性糖的提取方法。

二、实验原理

总糖主要指具有还原性的葡萄糖、果糖、戊糖、乳糖；在特定条件下能水解为还原性的单糖的蔗糖（水解后为1分子葡萄糖和1分子果糖）、麦芽糖（水解后为2分子葡萄糖）以及可能部分水解的淀粉（水解后为2分子葡萄糖）。

糖类在较高温度下可与浓硫酸作用而脱水生成糠醛或羟甲基糖醛，而后与蒽酮（$C_{14}H_{10}O$）脱水缩合，形成糠醛的衍生物，呈蓝绿色。该物质在620nm波长处具有最大吸收量，在150μg/mL范围内，其颜色的深浅与可溶性糖含量成正比。

这一方法有很高的灵敏度，糖含量在30μg左右就能进行测定，所以在微量测糖时可采用本法。一般样品少的情况下，采用这一方法比较合适。

三、实验材料

1. 实验仪器

电热恒温水浴锅，分光光度计，电子天平，容量瓶，刻度吸管等。

2. 实验试剂

100μg/mL葡萄糖标准液：称取0.01g葡萄糖，蒸馏水定容至100mL容量瓶中。

浓硫酸：分析纯。

蒽酮试剂：0.2g蒽酮溶于100mL浓H_2SO_4中，当日配制使用。

四、实验步骤

1. 葡萄糖标准曲线的制作

取7支试管，按表3-1配制一系列不同浓度的葡萄糖溶液。

表3-1　不同浓度葡萄糖溶液配制表

试管编号	1	2	3	4	5	6	7
葡萄糖标准液/mL	0	0.1	0.2	0.3	0.4	0.6	0.8
蒸馏水/mL	1	0.9	0.8	0.7	0.6	0.4	0.2
葡萄糖含量/μg	0	10	20	30	40	60	80

在每支试管中立即加入蒽酮试剂4.0mL，迅速浸于冰水浴中冷却，各管加完后一起浸于

沸水浴中，管口加盖，以防蒸发。自水浴重新煮沸起，准确煮沸 10min 取出，用冰水浴冷却至室温，在 620nm 波长下以 1 号管为空白，迅速测其余各管吸光值。以标准葡萄糖含量（μg）为横坐标，以吸光值为纵坐标，作出标准曲线。

2. 总糖的提取

精确称取 0.5g 固体样品（吸取 0.5mL 液体样品），置于 50mL 三角瓶中，加水 15mL，盐酸 10mL，沸水浴 20min，定容至 100mL，得提取液。取 10mL 滤液定容至 100mL。

3. 测定

吸取 1mL 已稀释的提取液于试管中，加入 4.0mL 蒽酮试剂，做平行实验三份；空白管以等量蒸馏水取代提取液。以下操作同标准曲线制作。根据 A_{620nm} 平均值在标准曲线上查出葡萄糖的含量（μg）。

4. 结果计算

$$\text{样品含糖量（\%）} = \frac{C \times V_{总} \times D}{W \times V_{测} \times 10^6} \times 100 \tag{3-12}$$

式中 C——在标准曲线上查出的糖含量，μg

$V_{总}$——提取液总体积，mL

$V_{测}$——测定时取用体积，mL

D——稀释倍数

W——样品质量，g

10^6——样品质量单位由 g 换算成 μg 的倍数

5. 注意事项

该法的特点是几乎可测定样品中所有的碳水化合物，不但可测定戊糖与己糖，且可测所有寡糖类和多糖类，包括淀粉、纤维素等（因为反应液中的浓硫酸可把多糖水解成单糖而发生反应），所以用蒽酮法测出的碳水化合物含量，实际上是溶液中全部可溶性碳水化合物总量。在没有必要细致划分各种碳水化合物的情况下，用蒽酮法可以一次测出总量，省去许多麻烦，因此，其具有特殊的应用价值。但在测定水溶性碳水化合物时，则应注意切勿将样品的未溶解残渣加入反应液中，否则会因为细胞壁中的纤维素、半纤维素等与蒽酮试剂发生反应而增加了测定误差。此外，不同的糖类与蒽酮试剂的显色深度不同，果糖显色最深，葡萄糖次之，半乳糖、甘露糖较浅，五碳糖显色更浅，故测定糖的混合物时，常因不同糖类的比例不同造成误差，但测定单一糖类时则可避免此种误差。

五、思考题

1. 提取总糖时，加入盐酸的目的是什么？
2. 简述蒽酮比色法测定值中总糖含量的原理。

实验七　索氏提取法测定脂肪含量

脂肪含量的测定

一、实验目的

掌握索氏提取法测定脂肪含量的方法。

二、实验原理

脂肪易溶于有机溶剂。试样直接用无水乙醚或石油醚等溶剂抽提后，蒸发除去溶剂，干燥，得到游离态脂肪的含量。

三、实验材料

1. 待测样品

花生或其他粮食。

2. 仪器和设备

电热鼓风干燥箱、干燥器（内装有效干燥剂，如硅胶）、滤纸筒、蒸发皿、索氏抽提器（图3-6）、恒温水浴锅、分析天平（感量0.001g和0.0001g）。

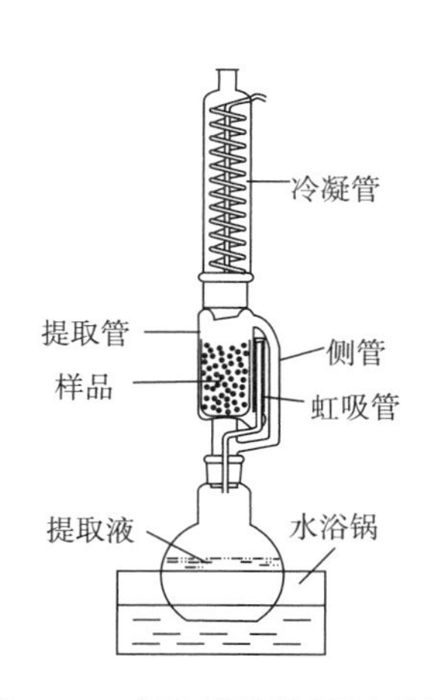

图3-6　索氏提取装置示意图

3. 试剂耗材

无水乙醚（$C_4H_{10}O$）、石油醚（C_nH_{2n+2}）（沸程为30~60℃）、石英砂、脱脂棉。

四、实验步骤

1. 样品预处理

固体试样：称取充分混匀后的试样2~5g，准确至0.001g，全部移入滤纸筒内。

液体或半固体试样：称取混匀后的试样5~10g，准确至0.001g，置于蒸发皿中，加入约 20g 石英砂，于沸水浴上蒸干后，在电热鼓风干燥箱中于 100℃±5℃干燥 30min 后，取出，研细，全部移入滤纸筒内。蒸发皿及粘有试样的玻璃棒，均用蘸有乙醚的脱脂棉擦净，并将棉花放入滤纸筒内。

2. 抽提

将滤纸筒放入索氏抽提器的抽提筒内，连接已干燥至恒重的接收瓶，由抽提器冷凝管上端加入无水乙醚或石油醚至瓶内容积的 2/3 处，于水浴上加热，使无水乙醚或石油醚不断回流抽提（6~8 次/h），一般抽提 6~10h。提取结束时，用磨砂玻璃棒接取 1 滴提取液，磨砂玻璃棒上无油斑表明提取完毕。

3. 称量

取下接收瓶，回收无水乙醚或石油醚，待接收瓶内溶剂剩余 1~2mL 时在水浴上蒸干，再于 100℃±5℃干燥 1h，放干燥器内冷却 0.5h 后称量。重复以上操作直至恒重（直至两次称量的差不超过 2mg）。

4. 结果计算

$$试样中脂肪的含量\ X=\frac{m_1-m_0}{m_2}\times 100\ (g/100g) \qquad (3-13)$$

式中 m_1——恒重后接收瓶和脂肪的含量，g

m_0——接收瓶的质量，g

m_2——试样的质量，g

100——换算系数

计算结果表示到小数点后一位。在重复性条件下获得的两次独立测定结果的绝对差值不得超过算术平均值的 10%。

5. 注意事项

（1）粉碎样品不宜压得过实，可加入海砂使之疏松，填装高度不要超过回流弯管。

（2）水浴锅温度夏天 65℃，冬天 80℃左右。

（3）回流速度控制在 80 滴/min 左右，回流 6~12 次/h。

五、思考题

总结索氏提取法测定脂肪含量的注意事项。

实验八　直接比色法测定铅含量

饲料中重金属含量的测定

一、实验目的

1. 理解直接比色法测定铅含量的基本原理。
2. 掌握直接比色法测定铅含量的方法。

二、实验原理

试样经消化后，在 pH8.5～9.0 时，铅离子与二硫腙生成红色络合物，溶于三氯甲烷。加入柠檬酸铵、氰化钾和盐酸羟胺等，防止铁、铜、锌等离子干扰。于波长 510nm 处测定吸光度，与标准系列比较定量。

三、实验材料

1. 待测样品

食品、包装材料，接触材料等。

2. 仪器设备

分光光度计、分析天平（感量为 0.1mg 和 1mg）、可调式电热炉、可调式电热板。

3. 试剂耗材

（1）硝酸溶液（5+95）　量取 50mL 硝酸，缓慢加入 950mL 水中，混匀。

（2）硝酸溶液（1+9）　量取 50mL 硝酸，缓慢加入 450mL 水中，混匀。

（3）氨水溶液（1+1）　量取 100mL 氨水，加入 100mL 水，混匀。

（4）氨水溶液（1+99）　量取 10mL 氨水，加入 990mL 水，混匀。

（5）盐酸溶液（1+1）　量取 100mL 盐酸，加入 100mL 水，混匀。

（6）酚红指示液（1g/L）　称取 0.1g 酚红，用少量多次乙醇溶解后，移入 100mL 容量瓶中并定容至刻度，混匀。

（7）二硫腙-三氯甲烷溶液（0.5g/L）　称取 0.5g 二硫腙，用三氯甲烷溶解，并定容至 1000mL，混匀，保存于 0～5℃下，必要时用下述方法纯化：称取 0.5g 研细的二硫腙，溶于 50mL 三氯甲烷中，如不全溶，可用滤纸过滤于 250mL 分液漏斗中，用氨水溶液（1+99）提取三次，每次 100mL，将提取液用棉花过滤至 500mL 分液漏斗中，用盐酸溶液（1+1）调至酸性，将沉淀出的二硫腙用三氯甲烷提取 2～3 次，每次 20mL，合并三氯甲烷层，用等量水洗涤两次，弃去洗涤液，在 50℃水浴上蒸去三氯甲烷。精制的二硫腙置于硫酸干燥器中，干燥备用。或将沉淀出的二硫腙用 200mL、200mL、100mL 三氯甲烷提取三次，合并三氯甲烷层为二硫腙-三氯甲烷溶液。

（8）盐酸羟胺溶液（200g/L）　称 20g 盐酸羟胺，加水溶解至 50mL，加 2 滴酚红指示液（1g/L），加氨水溶液（1+1），调 pH 为 8.5～9.0（由黄变红，再多加 2 滴），用二硫腙-

三氯甲烷溶液（0.5g/L）提取至三氯甲烷层绿色不变为止，再用三氯甲烷洗二次，弃去三氯甲烷层，水层加盐酸溶液（1+1）至呈酸性，加水至100mL，混匀。

（9）柠檬酸铵溶液（200g/L）　称取50g柠檬酸铵，溶于100mL水中，加2滴酚红指示液（1g/L），加氨水溶液（1+1），调pH为8.5~9.0，用二硫腙-三氯甲烷溶液（0.5g/L）提取数次，每次10~20mL，至三氯甲烷层绿色不变为止，弃去三氯甲烷层，再用三氯甲烷洗二次，每次5mL，弃去三氯甲烷层，加水稀释至250mL，混匀。

（10）氰化钾溶液（100g/L）　称取10g氰化钾，用水溶解后稀释至100mL，混匀。

（11）二硫腙使用液　吸取1.0mL二硫腙-三氯甲烷溶液（0.5g/L），加三氯甲烷至10mL，混匀。用1cm比色杯，以三氯甲烷调节零点，于波长510nm处测吸光度（A），用式（3-14）算出配制100mL二硫腙使用液（70%透光率）所需二硫腙-三氯甲烷溶液（0.5g/L）的毫升数（V）。量取计算所得体积的二硫腙-三氯甲烷溶液，用三氯甲烷稀释至100mL。

$$V=\frac{10\times(2-\lg 70)}{A}=\frac{1.55}{A} \tag{3-14}$$

四、实验步骤

1. 试样制备

在采样和试样制备过程中，应避免试样污染。对粮食、豆类样品，去除杂物后，粉碎，储于塑料瓶中；蔬菜、水果、鱼类、肉类等样品，用水洗净，晾干，取可食部分，制成匀浆，储于塑料瓶中；饮料、酒、醋、酱油、食用植物油、液态乳等液体样品将样品摇匀。

2. 消化

称取固体试样0.2~3g（精确至0.001g）或准确移取液体试样0.500mL~5mL于带刻度消化管中，加入10mL硝酸和0.5mL高氯酸，在可调式电热炉上消解（参考条件：120℃保持0.5~1h，升至180℃保持2~4h，升至200~220℃。若消化液呈棕褐色，再加少量硝酸，消解至冒白烟，消化液呈无色透明或略带黄色，取出消化管，冷却后用水定容至10mL，混匀备用。同时做试剂空白试验。也可采用锥形瓶，于可调式电热板上，按上述操作方法进行湿法消解。

3. 标准曲线的制作

吸取0mL、0.100mL、0.200mL、0.300mL、0.400mL和0.500mL铅标准使用液（相当0μg、1.00μg、2.00μg、3.00μg、4.00μg和5.00μg铅）分别置于125mL分液漏斗中，各加硝酸溶液（5+95）至20mL。再各加2mL柠檬酸铵溶液（200g/L），1mL盐酸羟胺溶液（200g/L）和2滴酚红指示液（1g/L），用氨水溶液（1+1）调至红色，再各加2mL氰化钾溶液（100g/L），混匀。各加5mL二硫腙使用液，剧烈振摇1min，静置分层后，三氯甲烷层经脱脂棉滤入1cm比色杯中，以三氯甲烷调节零点于波长510nm处测吸光度，以铅的质量为横坐标，吸光度值为纵坐标，制作标准曲线。

4. 试样溶液的测定

将试样溶液及空白溶液分别置于125mL分液漏斗中，各加硝酸溶液至20mL。于消解液及试剂空白液中各加2mL柠檬酸铵溶液（200g/L），1mL盐酸羟胺溶液（200g/L）和2滴酚红指示液（1g/L），用氨水溶液（1+1）调至红色，再各加 2mL 氰化钾溶液（100g/L），混匀。各加 5mL 二硫腙使用液，剧烈振摇 1min，静置分层后，三氯甲烷层经脱脂棉滤入 1cm 比色杯中，于波长 510nm 处测吸光度，与标准系列比较定量。

5. 结果计算

$$试样中铅的含量\ X=\frac{m_1-m_0}{m_2}\ （mg/kg 或 mg/L） \qquad (3-15)$$

式中　m_1——试样溶液中铅的质量，μg

m_0——空白溶液中铅的质量，μg

m_2——试样称样量或移取体积，g 或 mL

当铅含量≥10.0mg/kg（或 mg/L）时，计算结果保留三位有效数字；当铅含量<10.0mg/kg（或 mg/L）时，计算结果保留两位有效数字。

五、思考题

测定铅含量还有哪些方法？请简述其原理及步骤。

实验九　原子吸收法测定铅含量

原子吸收分光光度计

一、实验目的

掌握原子吸收法测定铅含量的基本方法。

二、实验原理

试样消解处理后，经石墨炉原子化，在283.3nm处测定吸光度。在一定浓度范围内铅的吸光度值与铅含量成正比，与标准系列比较定量。

三、实验材料

1. 待测样品

待测样品可为食品、包装材料，接触材料等。

2. 仪器设备

原子吸收光谱仪：配石墨炉原子化器，附铅空心阴极灯、分析天平（感量0.1mg和1mg）、可调式电热炉、可调式电热板、恒温干燥箱。

3. 试剂耗材

硝酸溶液（5+95）：量取50mL硝酸，缓慢加入950mL水中，混匀。

硝酸溶液（1+9）：量取50mL硝酸，缓慢加入450mL水中，混匀。

磷酸二氢铵-硝酸钯溶液：称取0.02g硝酸钯，加少量硝酸溶液（1+9）溶解后，再加入2g磷酸二氢铵，溶解后用硝酸溶液（5+95）定容至100mL，混匀。

铅标准储备液（1000mg/L）：准确称取1.5985g（精确至0.0001g）硝酸铅，用少量硝酸溶液（1+9）溶解，移入1000mL容量瓶，加水至刻度，混匀。

铅标准中间液（1.00mg/L）：准确吸取铅标准储备液（1000mg/L）1.00mL于1000mL容量瓶中，加硝酸溶液（5+95）至刻度，混匀。

铅标准系列溶液：分别吸取铅标准中间液（1.00mg/L）0mL、0.500mL、1.00mL、2.00mL、3.00mL和4.00mL于100mL容量瓶中，加硝酸溶液（5+95）至刻度，混匀。此铅标准系列溶液的质量浓度分别为0μg/L、5.0μg/L、10.0μg/L、20.0μg/L、30.0μg/L和40.0μg/L。

注：可根据仪器的灵敏度及样品中铅的实际含量确定标准系列溶液中铅的质量浓度；所有玻璃器皿及聚四氟乙烯消解内罐均需硝酸溶液（1+5）浸泡过夜，用自来水反复冲洗，最后用水冲洗干净。

四、实验步骤

1. 试样制备

在采样和试样制备过程中，应避免试样污染。对粮食、豆类样品，去除杂物后，粉碎，贮于塑料瓶中；蔬菜、水果、鱼类、肉类等样品，用水洗净，晾干，取可食部分，制成匀浆，贮于塑料瓶中；饮料、酒、醋、酱油、食用植物油、液态乳等液体样品将样品摇匀。

2. 消化

称取固体试样 0.2~3g（精确至 0.001g）或准确移取液体试样 0.5~5.00mL 于带刻度消化管中，加入 10mL 硝酸和 0.5mL 高氯酸，在可调式电热炉上消解（参考条件：120℃保持 0.5~1h，升至 180℃保持 2~4h，升至 200~220℃）。若消化液呈棕褐色，再加少量硝酸，消解至冒白烟，消化液呈无色透明或略带黄色，取出消化管，冷却后用水定容至 10mL，混匀备用。同时做试剂空白试验。也可采用锥形瓶，于可调式电热板上，按上述操作方法进行湿法消解。

3. 标准曲线制作

按质量浓度由低到高的顺序分别将 10μL 铅标准系列溶液和 5μL 磷酸二氢铵-硝酸钯溶液（可根据所使用的仪器确定最佳进样量）同时注入石墨炉，原子化后测其吸光度值，以质量浓度为横坐标，吸光度值为纵坐标，制作标准曲线。

参考测定条件：波长 283.3nm，狭缝宽度 0.5nm，灯电流 8~12mA，85~120℃干燥 40~50s，750℃灰化 20~30s，2300℃原子化 4~5s。

4. 试样溶液的测定

在与测定标准溶液相同的实验条件下，将 10μL 空白溶液或试样溶液与 5μL 磷酸二氢铵-硝酸钯溶液（可根据所使用的仪器确定最佳进样量）同时注入石墨炉，原子化后测其吸光度值，与标准系列比较定量。

5. 结果计算

$$X=\frac{(\rho-\rho_0)\times V}{m\times 1000}\ (\text{mg/kg 或 mg/L}) \tag{3-16}$$

式中　ρ——试样溶液中铅的质量浓度，μg/L

ρ_0——空白溶液中铅的质量浓度，μg/L

V——试样消化液的定容体积，mL

m——试样称样量或移取体积，g 或 mL

1000——换算系数

当铅含量≥1.00mg/kg（或 mg/L）时，计算结果保留三位有效数字；当铅含量<1.00mg/kg（或 mg/L）时，计算结果保留两位有效数字。在重复性条件下获得的两次独立测定结果的绝对差值不得超过算术平均值的 20%。当称样量为 0.5g（或 0.5mL），定容体积为 10mL 时，方法的检出限为 0.02mg/kg（或 0.02mg/L），定量限为 0.04mg/kg（或 0.04mg/L）。

五、思考题

查阅资料，从预处理方法、检测条件、设备、应用范围等方面列表总结原子吸收法检测汞、砷、铅、镉、铬等金属离子的方法。

实验十　凯氏定氮法测定粗蛋白含量

凯氏定氮法测定粗蛋白含量

一、实验目的

1. 理解凯氏定氮法测定粗蛋白含量的原理。
2. 掌握凯氏定氮法的操作方法。

二、实验原理

食品中的蛋白质在催化加热条件下被分解，产生的氨与硫酸结合生成硫酸铵。碱化蒸馏使氨游离，用硼酸吸收后以硫酸或盐酸标准滴定溶液滴定，根据酸的消耗量计算氮含量，再乘以换算系数，即为蛋白质的含量。

三、实验材料

1. 待测样品

大曲、小麦或其他粮食。

2. 仪器设备

天平（感量为 1mg）、微量凯氏定氮蒸馏装置（图 3-7）、自动凯氏定氮仪。

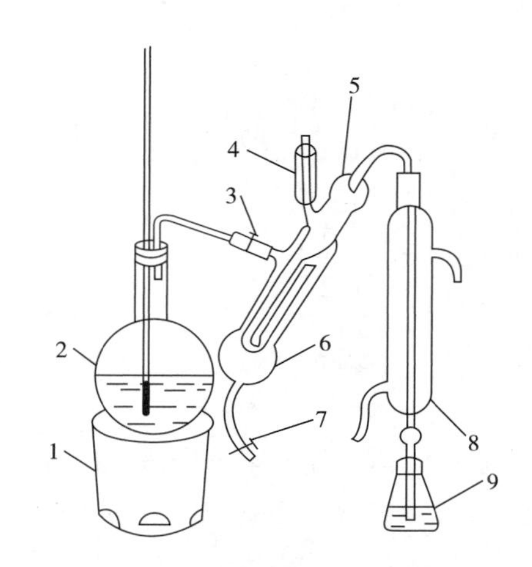

图 3-7　微量凯氏定氮蒸馏装置示意图

1—电炉　2—水蒸气发生器　3—螺旋夹　4—小玻杯及棒状玻塞　5—反应室　6—反应室外层　7—橡皮管及螺旋夹　8—冷凝管　9—蒸馏液接收瓶

3. 试剂耗材

（1）硼酸溶液（20g/L）　称取 20g 硼酸，加水溶解后并稀释至 1000mL。

（2）氢氧化钠溶液（400g/L）　称取 40g 氢氧化钠加水溶解后，放冷，并稀释至 100mL。

（3）硫酸标准滴定溶液［c（$1/2H_2SO_4$）］　0.0500mol/L 或盐酸标准滴定溶液［c（HCl）］0.0500mol/L。

（4）甲基红乙醇溶液（1g/L）　称取 0.1g 甲基红，溶于 95% 乙醇，用 95% 乙醇稀释至 100mL。

（5）亚甲基蓝乙醇溶液（1g/L）　称取 0.1g 亚甲基蓝，溶于 95% 乙醇，用 95% 乙醇稀释至 100mL。

（6）溴甲酚绿乙醇溶液（1g/L）　称取 0.1g 溴甲酚绿，溶于 95% 乙醇，用 95% 乙醇稀释至 100mL。

（7）A 混合指示剂　2 份甲基红乙醇溶液与 1 份亚甲基蓝乙醇溶液临用时混合。

（8）B 混合指示剂　1 份甲基红乙醇溶液与 5 份溴甲酚绿乙醇溶液临用时混合。

四、实验步骤

1. 凯氏定氮法

（1）试样处理　称取充分混匀的固体试样 0.2～2g、半固体试样 2～5g 或液体试样 10～25g（相当于 30～40mg 氮），精确至 0.001g，移入干燥的 100mL、250mL 或 500mL 定氮瓶中，加入 0.4g 硫酸铜、6g 硫酸钾及 20mL 硫酸（或直接加入催化剂片），在消化炉上按程序消化（250℃消化 30min，320℃消化 30min，420℃消化 1h），如果液体没有呈现蓝绿色澄清透明状态，消化时间再延长 0.5～1h。取下放冷，小心加入 20mL 水，放冷后，移入 100mL 容量瓶中，并用少量水洗定氮瓶，洗液并入容量瓶中，再加水至刻度，混匀备用。同时做试剂空白试验。

（2）测定　按图 3-7 装好微量凯氏定氮蒸馏装置，向水蒸气发生器内装水至 2/3 处，加入数粒玻璃珠，加甲基红乙醇溶液数滴及数毫升硫酸，以保持水呈酸性，加热煮沸水蒸气发生器内的水并保持沸腾。

向接受瓶内加入 10.0mL 硼酸溶液及 1～2 滴 A 混合指示剂或 B 混合指示剂，并使冷凝管的下端插入液面下，根据试样中氮含量，准确吸取 2.0～10.0mL 试样处理液由小玻杯注入反应室，以 10mL 水洗涤小玻杯并使之流入反应室内，随后塞紧棒状玻塞。将 10.0mL 氢氧化钠溶液倒入小玻杯，提起玻塞使其缓缓流入反应室，立即将玻塞盖紧，并水封。夹紧螺旋夹，开始蒸馏。蒸馏 10min 后移动蒸馏液接收瓶，液面离开冷凝管下端，再蒸馏 1min。然后用少量水冲洗冷凝管下端外部，取下蒸馏液接收瓶。尽快以硫酸或盐酸标准滴定溶液滴定至终点，如用 A 混合指示剂，终点颜色为灰蓝色；如用 B 混合指示剂，终点颜色为浅灰红色。同时配制 1g/L 硫酸铵溶液做回收率实验以及试剂空白实验。

2. 自动凯氏定氮仪法

称取充分混匀的固体试样 0.2～2g、半固体试样 2～5g 或液体试样 10～25g（相当于 30～40mg 氮），精确至 0.001g，至消化管中，再加入 0.4g 硫酸铜、6g 硫酸钾及 20mL 硫酸于消化炉进行消化。当消化炉温度达到 420℃之后，继续消化 1h，此时消化管中的液体呈绿色透明状，取出冷却后加入 50mL 水，于自动凯氏定氮仪（使用前加入氢氧化钠溶液，盐酸或硫酸标准溶液以及含有混合指示剂 A 或 B 的硼酸溶液）上实现自动加液、蒸馏、滴定和记录滴定数据的过程。

3. 结果计算

$$X=\frac{(V_1-V_2)\times c\times 0.014}{m\times V_3/100}\times F\times 100\ (\mathrm{g/100g}) \tag{3-17}$$

式中 V_1——试液消耗硫酸或盐酸标准滴定液的体积，mL

V_2——试剂空白消耗硫酸或盐酸标准滴定液的体积，mL

c——硫酸或盐酸标准滴定溶液浓度，mol/L

0.014——1.0mL 硫酸 [c (1/2 H_2SO_4) = 1.000mol/L] 或盐酸 [c (HCl) = 1.000mol/L] 标准滴定溶液相当的氮的质量，g

m——试样的质量，g

V_3——吸取消化液的体积，mL

F——氮换算为蛋白质的系数，各种样品中氮转换系数见 GB 5009.5—2016《食品安全国家标准　食品中蛋白质的测定》，当只检测氮含量时，不需要乘蛋白质换算系数 F

100——换算系数

蛋白质含量≥1g/100g 时，结果保留三位有效数字；蛋白质含量<1g/100g 时，结果保留两位有效数字。在重复条件下获得的两次独立测定结果的绝对差值不得超过算术平均值的 10%。

4. 注意事项

（1）试剂溶液应用无氨蒸馏水配制。

（2）若取样量较大，如干试样超过 5g，可按每克试样 5mL 的比例增加硫酸用量。

（3）消化时注意和缓沸腾，转动烧瓶，消化时可添加辛醇等消泡剂，消化过程中样品透明后，继续消化 30min，样品呈蓝色或浅绿色，如果消化困难，冷却后加入 30%过氧化氢 2~3mL 后继续加热消化。

（4）蒸馏装置不能漏气，蒸馏前若加碱量不足，消化液呈蓝色不生成氢氧化铜沉淀，需再增加氢氧化钠用量，蒸馏完毕后，应先将冷凝管下端提离液面，清洗管口，再蒸 1min 后关掉热源，否则可能造成吸收液倒吸。

（5）硼酸吸收液的温度不应超过 40℃，否则对氨的吸收作用减弱，置于冷水浴中使用。

五、思考题

如果本方法测出的回收率为 110%，可能是什么原因造成的？

实验十一　分光光度法测定蛋白质含量

一、实验目的

1. 理解分光光度法测定蛋白含量的原理。
2. 掌握分光光度法的操作方法。

二、实验原理

蛋白质在催化加热条件下被分解，分解产生的氨与硫酸结合生成硫酸铵，在 pH4.8 的乙酸钠-乙酸缓冲溶液中与乙酰丙酮和甲醛反应生成黄色的 3,5-二乙酰-2,6-二甲基-1,4-二氢化吡啶化合物。

在波长 400nm 下测定吸光度值，与标准系列比较定量，结果乘以换算系数，即为蛋白质含量。

三、实验材料

1. 试剂及其配制

硫酸铜（$CuSO_4 \cdot 5H_2O$）。

硫酸钾（K_2SO_4）。

硫酸（H_2SO_4）。

蒸馏水。

氢氧化钠溶液（300g/L）：称取 30g 氢氧化钠加水溶解后，放冷，并稀释至 100mL。

对硝基苯酚指示剂溶液（1g/L）：称取 0.1g 对硝基苯酚指示剂溶于 20mL 95%乙醇中，加水稀释至 100mL。

乙酸溶液（1mol/L）：量取 5.8mL 乙酸，加水稀释至 100mL。

乙酸钠溶液（1mol/L）：称取 41g 无水乙酸钠或 68g 乙酸钠，加水溶解稀释至 500mL。

乙酸钠-乙酸缓冲溶液：量取 60mL 乙酸钠溶液与 40mL 乙酸溶液混合，该溶液 pH4.8。

显色剂：15mL 甲醛与 7.8mL 乙酰丙酮混合，加水稀释至 100mL，剧烈振摇混匀（室温下放置稳定 3d）。

2. 仪器和设备

分光光度计、电热恒温水浴锅（100℃±0.5℃）、10mL 具塞玻璃比色管、天平（感量为 1mg）。

四、实验步骤

1. 试样消解

称取充分混匀的固体试样 0.1～0.5g（精确至 0.001g）、半固体试样 0.2～1g（精确至

0.001g）或液体试样 1~5g（精确至 0.001g），移入干燥的 100mL 或 250mL 定氮瓶中，加入 0.1g 硫酸铜、1g 硫酸钾及 5mL 硫酸，摇匀后于瓶口放一小漏斗，将定氮瓶以 45°斜支于有小孔的石棉网上。缓慢加热，待内容物全部炭化，泡沫完全停止后，加强火力，并保持瓶内液体微沸，至液体呈蓝绿色澄清透明后，再继续加热 0.5h。取下放冷，慢慢加入 20mL 水，放冷后移入 50mL 或 100mL 容量瓶中，并用少量水洗定氮瓶，洗液并入容量瓶中，再加水至刻度，混匀备用。按同一方法做试剂空白试验。

2. 试样溶液的制备

吸取 2.00~5.00mL 试样或试剂空白消化液于 50mL 或 100mL 容量瓶内，加 1~2 滴对硝基苯酚指示剂溶液，摇匀后滴加氢氧化钠溶液中和至黄色，再滴加乙酸溶液至溶液无色，用水稀释至刻度，混匀。

3. 氨氮标准溶液配制

氨氮标准储备溶液（以氮计，1.0g/L）：称取 105℃干燥 2h 的硫酸铵 0.4720g 加水溶解后移于 100mL 容量瓶中，并稀释至刻度，混匀，此溶液每毫升相当于 1.0mg 氮。

氨氮标准使用溶液（0.1g/L）：用移液管吸取 10.00mL 氨氮标准储备液于 100mL 容量瓶内，加水定容至刻度，混匀，此溶液每毫升相当于 0.1mg 氮。

4. 标准曲线的绘制

吸取 0.00mL、0.05mL、0.10mL、0.20mL、0.40mL、0.60mL、0.80mL 和 1.00mL 氨氮标准使用溶液（相当于 0.00μg、5.00μg、10.0μg、20.0μg、40.0μg、60.0μg、80.0μg 和 100.0μg 氮），分别置于 10mL 比色管中。加 4.0mL 乙酸钠-乙酸缓冲溶液及 4.0mL 显色剂，加水稀释至刻度，混匀。置于 100℃水浴中加热 15min。取出用水冷却至室温后，移入 1cm 比色杯内，以零管为参比，于波长 400nm 处测量吸光度值，根据标准各点吸光度值绘制标准曲线或计算线性回归方程。

5. 试样测定

吸取 0.50~2.00mL（相当于氮<100μg）试样溶液和同量的试剂空白溶液，分别于 10mL 比色管中。加 4.0mL 乙酸钠-乙酸缓冲溶液及 4.0mL 显色剂，加水稀释至刻度，混匀。置于 100℃水浴中加热 15min。取出用水冷却至室温后，移入 1cm 比色杯内，以零管为参比，于波长 400nm 处测量吸光度值，试样吸光度值与标准曲线比较定量或代入线性回归方程求出含量。

6. 结果计算

结果计算如式（3-18）所示。

$$X=\frac{(C-C_0)\times V_1\times V_3}{m\times V_2\times V_4\times 1000\times 1000}\times 100\times F \tag{3-18}$$

式中 X——试样中蛋白质的含量，g/100g

C——试样测定液中氮的含量，μg

C_0——试剂空白测定液中氮的含量，μg

V_1——试样消化液定容体积，mL

V_3——试样溶液总体积，mL

m——试样质量，g

V_2——制备试样溶液的消化液体积，mL

V_4——测定用试样溶液体积，mL

1000——换算系数

100——换算系数

F——氮换算为蛋白质的系数

蛋白质含量≥1g/100g 时，结果保留三位有效数字；蛋白质含量<1g/100g 时，结果保留两位有效数字。

五、思考题

1. 分析本实验的误差来源。
2. 蛋白质的测定方法还有哪些？列表比较其应用范围。

实验十二 火焰光度计法测定钠、钾离子含量

一、实验目的

1. 理解火焰光度计法测定钠、钾离子含量的原理。
2. 掌握火焰光度计法测定钠、钾离子含量的方法。

二、实验原理

试样经消解处理后，注入火焰光度计中，雾化后进入火焰中燃烧，受热能激发而原子化，其原子的外层电子可由基态跃迁至激发态，处于激发态的电子很不稳定，当其由激发态回到基态时，可发射特定波长的光，通过测定发射光的辐射强度，可进行定量分析。钾发射波长为766.5nm，钠发射波长为589.0nm，在一定浓度范围内，其发射值与钾、钠含量成正比，与标准系列比较定量。

火焰的激发能较低，故该方法仅适用于碱金属及部分碱土金属的定量分析。

三、实验材料

1. 待测样品

土壤、堆肥、饲料、食品或果蔬100g。

2. 仪器设备

火焰光度计、分析天平（感量为0.1mg和1.0mg）、分析用钢瓶乙炔气和空气压缩机、匀浆机或高速粉碎机、马弗炉、可调式控温电热板、可调式控温电热炉、恒温干燥箱。

3. 试剂耗材

混合酸［高氯酸+硝酸（1+9）］：取100mL高氯酸，缓慢加入900mL硝酸中，混匀。

硝酸溶液（1+99）：取10mL硝酸，缓慢加入990mL水中，混匀。

氯化钾标准品（KCl）：纯度大于99.99%。

氯化钠标准品（NaCl）：纯度大于99.99%。

四、实验步骤

1. 标准曲线制作

标样溶液配制如下。

钾、钠标准储备液（1000mg/L）：将氯化钾或氯化钠于烘箱中110~120℃干燥2h。精确称取1.9068g氯化钾或2.5421g氯化钠，分别溶于水中，并移入1000mL容量瓶中，稀释至刻度，混匀，贮存于聚乙烯瓶内，4℃保存，或使用经国家认证并授予标准物质证书的标准溶液。

钾、钠标准工作液（100mg/L）：准确吸取10.0mL钾或钠标准储备溶液于100mL容量

瓶中，用水稀释至刻度，贮存于聚乙烯瓶中，4℃保存。

钾、钠标准系列工作液：准确吸取0mL、0.1mL、0.5mL、1.0mL、2.0mL、4.0mL钾标准工作液于100mL容量瓶中，用水定容至刻度，混匀。此标准系列工作液中钾质量浓度分别为0mg/L、0.100mg/L、0.500mg/L、1.00mg/L、2.00mg/L、4.00mg/L。准确吸取0mL、0.5mL、1.0mL、2.0mL、3.0mL、4.0mL钠标准工作液于100mL容量瓶中，用水定容至刻度，混匀。此标准系列工作液中钠质量浓度分别为0mg/L、0.500mg/L、1.00mg/L、2.00mg/L、3.00mg/L、4.00mg/L。

2. 样品预处理

样品均分后，称取0.5~5g（精确至0.001g）试样于玻璃或聚四氟乙烯消解器皿中，含乙醇或二氧化碳的样品先在电热板上低温加热除去乙醇或二氧化碳，加入10mL混合酸，加盖放置1h或过夜，置于可调式控温电热板或电热炉上消解，若变棕黑色，冷却后再加混合酸，直至冒白烟，消化液呈无色透明或略带黄色，冷却，用水定容至25mL或50mL，混匀备用。同时做空白试验。

也可采用干式消解法：称取0.5~5g（精确至0.001g）试样于坩埚中，在电炉上微火炭化至无烟，置于525℃±25℃马弗炉中灰化5~8h，冷却。若灰化不彻底有黑色炭粒，则冷却后滴加少许硝酸湿润，在电热板上干燥后，移入马弗炉中继续灰化成白色灰烬，冷却至室温取出，用硝酸溶液溶解，并用水定容至25mL或50mL，混匀备用。同时做空白试验。

3. 仪器准备

按照仪器说明书操作。接通电源，打开压缩空气钢瓶，调节输出压力约为0.2MPa，开启仪器进样开关和液化气瓶阀门，按下点火开关，调节燃气阀，使火焰成浅蓝色，高度约4cm，预热20min，使火焰热平衡。

将废液管插入废液瓶，进样管插入纯水中，吸入空白液，火焰再呈稳定的蓝色时，可开始测样。

注意事项：保持雾化器、燃烧喷头的清洁；燃起和助燃气比例要合适，压力恒定，以保持火焰稳定；样品溶液要澄清，背景与标样相似。

4. 标样测定

分别将钾、钠标准系列工作液注入火焰光度计中，测定发射强度，以标准工作液浓度为横坐标，发射强度为纵坐标，绘制标准曲线。

5. 试样溶液的测定

根据试样溶液中被测元素的含量，需要时将试样溶液用水稀释至适当浓度。将空白溶液和试样最终测定液注入火焰光度计中，分别测定钾或钠的发射强度，根据标准曲线得到待测液中钾或钠的浓度。

6. 关闭仪器

按仪器说明书，依次关闭燃起阀、进样阀，火焰熄灭后关闭空气阀、电源。

7. 结果计算

结果计算见式3-19。

$$X=\frac{(\rho-\rho_0)\times V\times f\times 100}{m\times 1000} \tag{3-19}$$

式中　X——试样中被测元素含量，mg/100g 或 mg/100mL

ρ——测定液中元素的质量浓度，mg/L

ρ_0——测定空白试液中元素的质量浓度，mg/L

V——样液体积，mL

f——样液稀释倍数

100、1000——换算系数

m——试样的质量或体积，g 或 mL

计算结果保留 3 位有效数字。在重复性条件下获得的两次独立测定结果的绝对差值不得超过算术平均值的 10%。

说明：以取样量 0.5g，定容至 25mL 计，本方法钾的检出限为 0.2mg/100g，定量限为 0.5mg/100g；钠的检出限为 0.8mg/100g，定量限为 3mg/100g。

五、思考题

简述火焰光度法测定钠、钾含量的主要误差来源。

实验十三　过滤法测定粗纤维含量

饲料中粗纤维含量的测定

一、实验目的

1. 掌握粗纤维含量测定的方法。
2. 学习粗纤维测定仪的使用。

二、实验原理

用固定量的酸和碱，在特定条件下消煮样品，再用醚、丙酮除去醚溶物，经高温灼烧和扣除矿物质的量，所余量称为粗纤维（试样用沸腾的稀释硫酸处理，过滤分离残渣，洗涤，然后用沸腾的氢氧化钾溶液处理，过滤分离残渣，洗涤，干燥，称量，然后灰化。因灰化而失去的质量相当于试料中粗纤维质量）。它不是一个确切的化学实体，只是在公认强制规定的条件下，测出的概略养分。其中以纤维为主，还有少量半纤维和木质素。

三、实验材料

1. 待测样品

酒糟 200g。

2. 仪器设备

粉碎机、分析天平（感量为 0.1mg）、恒温干燥箱、干燥器（盛有蓝色硅胶干燥剂）、马弗炉、粗纤维测定仪。

3. 试剂耗材

盐酸溶液：c（HCl）= 0.5mol/L。

硫酸溶液：c（H_2SO_4）=（0.13±0.005）mol/L。

氢氧化钾溶液：c（KOH）=（0.23±0.005）mol/L。

丙酮、正辛醇、石油醚（40~60℃）。

坩埚、陶瓷筛板、灰化皿等。

海砂：使用前，用沸腾盐酸［c(HCl)= 4mol/L］处理，用水洗至中性，在 500℃ ±25℃下至少加热 1h。

四、实验步骤

1. 样品预处理

样品烘干粉碎后过 1mm 筛备用。

2. 仪器准备

仔细阅读仪器使用说明。

向粗纤维测定仪的储液罐中对应加入已配制好的酸、碱和蒸馏水（应不少于2000mL）。

3. 测定

在坩埚内铺海砂后放入1～2g（精确到0.0002g）试样，按如下步骤依次在冷浸提及热浸提装置上过滤。

（1）预先脱脂　坩埚置于冷提取装置，用石油醚冲洗脱脂3次，每次用石油醚30mL，每次洗涤后抽吸干燥残渣。

（2）除去碳酸盐　坩埚置于加热装置，试样用盐酸洗涤3次，每次用盐酸30mL，在每次加盐酸后在过滤之前停留约1min。约用30mL水洗涤一次。

（3）酸消煮、过滤　接上步，换热浸提装置，将150mL沸硫酸加入坩埚，如果出现气泡，则加数滴防泡剂，使硫酸尽快沸腾，并保持剧烈沸腾30min±1min。停止加热，打开排放管旋塞，在真空条件下通过坩埚将硫酸滤出，残渣用热水至少洗涤3次，每次用水30mL，洗涤至中性，每次洗涤后抽吸干燥残渣。如果过滤发生问题，可反吹。

（4）冷浸提　坩埚置于冷浸提装置上，继续用丙酮洗涤残渣3次，每次用丙酮30mL，覆盖数分钟后抽吸干燥残渣，然后，残渣在真空条件下用石油醚洗涤3次，每次用石油醚30mL。每次洗涤后抽吸干燥残渣。

（5）碱消煮、过滤　坩埚置于热浸提装置上，加入150mL沸腾的氢氧化钾溶液，并保持沸腾状态30min±1min。在真空条件下通过坩埚将氢氧化钾溶液滤去，用热水至少洗涤3次，每次用水约30mL，洗至中性，每次洗涤后抽吸干燥残渣。如果过滤发生问题，可反吹。

（6）冷浸提　坩埚置于冷提取装置，残渣在真空条件下用丙酮洗涤3次，每次用丙酮30mL，每次洗涤后抽吸干燥残渣。

（7）干燥　坩埚置于灰化皿中，灰化皿及内容物在130℃干燥箱中至少干燥2h。

在灰化或冷却过程中，坩埚的烧结滤板可能有些部分变得松散，从而可能导致分析结果错误，因此将坩埚置于灰化皿中。

坩埚和灰化皿在干燥器中冷却，从干燥器中取出后，立即对坩埚和灰化皿进行称量（m_2），准确至0.1mg。

（8）灰化

将坩埚和灰化皿置于马弗炉中，其内容物在500℃±25℃下灰化，直至冷却后连续两次称量的差值不超过2mg。

每次灰化后，让坩埚和灰化皿初步冷却，在尚温热时置于干燥器中，使其完全冷却，然后称量（m_3），准确至0.1mg。

4. 结果计算

$$X=\frac{m_2-m_3}{m_1}\times 100\% \tag{3-20}$$

式中　m_1——样品质量，g

m_2——灰化盘、坩埚以及在130℃干燥后获得的残渣的质量，mg

m_3——灰化盘、坩埚以及在500℃±25℃获得的残渣的质量，mg

结果四舍五入，精确至1g/kg，也可用质量分数（%）表示。

五、思考题

请根据实验情况，分析粗纤维测定的主要误差来源。

实验十四 酱油中氨基酸态氮的测定

食品中氨基酸态氮的测定

一、实验目的

1. 理解氨基酸态氮测定的原理。
2. 掌握氨基酸态氮测定的方法。

二、实验原理

利用氨基酸的两性作用，加入甲醛以固定氨基的碱性，使羧基显示出酸性，用氢氧化钠标准溶液滴定后定量，以酸度计测定终点。利用甲醛法测定，测定结果是酱油中氨基氮和氨氮量的总和。

氨氮：一分子铵盐与甲醛作用，生成环六次甲基四胺及二分子无机酸，后者以标准碱滴定，以此算出氨氮的含量。

氨基氮：氨基酸的氨基与甲醛结合后，使氨基酸的碱性消失，再用标准碱液来滴定羧基，算出氨氮的含量。化学反应及副反应方程式如下：

$$2\ (NH_4)_2SO_4+6HCHO \rightarrow (CH_2)_6N_4+2H_2SO_4+6H_2O$$

$$H_2SO_4+2NaOH \rightarrow Na_2SO_4+2H_2O$$

$$R-CHNH_2CHOOH+HCHO \rightarrow RCH-N=CH_2CHOOH+H_2O$$

$$R-\underset{\underset{COOH}{|}}{\overset{\overset{N=CH_2}{|}}{C}}-H \quad +NaOH \rightarrow R-\underset{\underset{COONa}{|}}{\overset{\overset{N=CH_2}{|}}{C}}-H \quad +H_2O$$

三、实验材料

1. 待测样品

市售酱油。

2. 仪器设备

酸度计（附磁力搅拌器）、10mL 微量碱式滴定管、分析天平（感量为 0.1mg）。

3. 试剂耗材

甲醛（36%～38%）：应不含有聚合物（没有沉淀且溶液不分层）；已标定的 NaOH 标准溶液；酚酞的 95%乙醇溶液。

四、实验步骤

1. 试样制备

称量 5.0g（或吸取 5.0mL）试样于 50mL 的烧杯中，用水分数次洗入 100mL 容量瓶中，加水至刻度，混匀后吸取 20.0mL 置于 200mL 烧杯中。

2. 试样测定

样品中加 60mL 水，开动磁力搅拌器，用氢氧化钠标准溶液［c（NaOH）= 0.050mol/L］滴定至酸度计指示 pH 为 8.2，记下消耗氢氧化钠标准滴定溶液的毫升数，计算总酸含量。加入 10.0mL 甲醛溶液，混匀。再用氢氧化钠标准滴定溶液继续滴定至 pH 为 9.2，记下消耗氢氧化钠标准滴定溶液的毫升数。

3. 空白实验

取 80mL 水，先用氢氧化钠标准溶液 c（NaOH）= 0.050mol/L］调节至 pH 为 8.2，再加入 10.0mL 甲醛溶液，用氢氧化钠标准滴定溶液滴至 pH 为 9.2，做空白试验。

4. 结果计算

$$X=\frac{(V_1-V_2)\times c\times 0.014}{m\times V_3/V_4}\times 100 \tag{3-21}$$

式中　X——试样中氨基酸态氮的含量，g/100mL

V_1——测定用试样稀释液加入甲醛后消耗氢氧化钠标准滴定溶液的体积，mL

V_2——试剂空白实验加入甲醛后消耗氢氧化钠标准滴定溶液的体积，mL

c——氢氧化钠标准滴定溶液的浓度，mol/L

0.014——与 1.00mL 氢氧化钠标准滴定溶液［c（NaOH）= 1.000mol/L］相当的氮的质量，g

m——称取试样的质量，g

V_3——试样稀释液的取用量，mL

V_4——试样稀释液的定容体积，mL

100——单位换算系数

计算结果保留两位有效数字。

5. 注意事项

在重复性条件下获得的两次独立测定结果的绝对差值不得超过算术平均值的 10%。

五、思考题

氨态氮测定还有哪些方法？

实验十五　亚硝酸盐的测定

亚硝酸盐与
硝酸盐的测定

一、实验目的

1. 掌握亚硝酸盐测定的原理及方法。
2. 了解国家标准对相关食品中亚硝酸含量的要求。

二、实验原理

采用盐酸萘乙二胺法测定：试样经沉淀蛋白质、除去脂肪后，在弱酸条件下，亚硝酸盐与对氨基苯磺酸重氮化后，再与盐酸萘乙二胺偶合形成紫红色染料，外标法测得亚硝酸盐含量。

三、实验材料

1. 待测样品

市售芽菜样品20g。

2. 仪器设备

万分之一电子天平、组织捣碎机、超声波清洗器、恒温干燥箱、分光光度计。

3. 试剂耗材

亚铁氰化钾［$K_4Fe(CN)_6 \cdot 3H_2O$］、乙酸锌［$Zn(CH_3COO)_2 \cdot 2H_2O$］、冰乙酸（$CH_3COOH$）、硼酸钠（$Na_2B_4O_7 \cdot 10H_2O$）、盐酸（HCl，$\rho = 1.19g/mL$）、对氨基苯磺酸（$C_6H_7NO_3S$）、盐酸萘乙二胺（$C_{12}H_{14}N_2 \cdot 2HCl$）、亚硝酸钠（$NaNO_2$，CAS号：7632-00-0）标样。

四、实验步骤

1. 试剂配制

亚硝酸钠标准溶液（200μg/mL，以亚硝酸钠计）：准确称取0.1000g于110～120℃干燥恒重的亚硝酸钠，加水溶解，移入500mL容量瓶中，加水稀释至刻度，混匀。

亚铁氰化钾溶液（106g/L）：106.0g亚铁氰化钾用水溶解后在容量瓶中定容到1000mL。

乙酸锌溶液（220g/L）：220.0g乙酸锌，先用30mL冰乙酸溶解，再用水定容到1000mL。

饱和硼砂溶液（50g/L）：5.0g硼酸钠溶于100mL热水中，冷却后备用。

盐酸（20%）：20mL盐酸用水稀释至100mL。

对氨基苯磺酸溶液（4g/L）：0.4g对氨基苯磺酸溶于100mL 20%盐酸中，混匀，避光保存。

盐酸萘乙二胺溶液（2g/L）：0.2g盐酸萘乙二胺溶于100mL水中，混匀，避光保存。

2. 试样制备

10g 芽菜加 20mL 水匀浆后称取 5g（精确至 0.001g）匀浆试样，置于 250mL 具塞锥形瓶中，加 12.5mL 50g/L 的饱和硼砂溶液，加入 70℃左右的水约 150mL，混匀，沸水浴 15min，取出冷水浴至室温。定量转移上述提取液至 200mL 容量瓶中，加入 5mL 106g/L 的亚铁氰化钾溶液摇匀，再加入 5mL 220g/L 的乙酸锌溶液沉淀蛋白质。加水至刻度，摇匀，放置 30min，除去上层脂肪，上清液用滤纸过滤，弃去初滤液 30mL，滤液备用。

3. 标样及样品的亚硝酸盐测定

吸取 40.0mL 上述滤液于 50mL 带塞比色管中，另吸取 0.00mL、0.20mL、0.40mL、0.60mL、0.80mL、1.00mL、1.50mL、2.00mL、2.50mL 亚硝酸钠标准使用液（相当于 0.0μg、1.0μg、2.0μg、3.0μg、4.0μg、5.0μg、7.5μg、10.0μg、12.5μg 亚硝酸钠），分别置于 50mL 带塞比色管中。于标准管与试样管中分别加入 2mL 4g/L 的对氨基苯磺酸溶液，混匀，静置 3~5min 后各加入 1mL 2g/L 的盐酸萘乙二胺溶液，加水至刻度，混匀，静置 15min，以零管调零，测定 OD_{538nm}，与绘制的标准曲线比较。同时做空白试剂。

4. 结果计算

$$\text{亚硝酸盐（以亚硝酸钠计）的含量} \ X=\frac{m_2\times1000}{m_3\times\frac{V_1}{V_0}\times1000}\ (\text{mg/kg}) \tag{3-22}$$

式中　m_2——芽菜匀浆液中亚硝酸钠的质量，μg

1000——转换系数

m_3——芽菜质量，g

V_1——测定用样液体积，mL

V_0——试样处理液总体积，mL

结果保留 2 位有效数字。

五、思考题

1. 根据本组实验情况，分析本实验的主要误差来源。
2. 查阅资料，给出当前国家标准中酱腌菜、泡菜、腊肉、香肠等常见传统发酵食品中亚硝酸的限值。

实验十六 辣椒酱酸价的测定

酸价的测定

一、实验目的

1. 掌握酸价测定的一般方法。
2. 学习电位滴定仪的使用。

二、实验原理

样品中油脂采用石油醚提取后挥干溶剂得到试样，再用有机溶剂溶解试样得到试样溶液，用氢氧化钾标准溶液滴定游离脂肪酸，同时监测滴定过程中样品溶液 pH 的变化并绘制相应的 pH-滴定体积实时变化曲线及其一阶微分曲线，以游离脂肪酸发生中和反应所引起的“pH 突跃”为依据判定滴定终点，最后通过滴定终点消耗的标准溶液的体积计算油脂试样的酸价。

三、实验材料

1. 待测样品

市售辣椒酱。

2. 仪器设备

自动电位滴定仪：具备自动 pH 电极校正功能、动态滴定模式功能，微机控制，能实时自动绘制和记录滴定时的 pH-滴定体积实时变化曲线及相应的一阶微分曲线；滴定精度 0.01mL/滴，电信号测量精度 0.1mV，配备 20mL 的滴定液加液管，滴定管出口配备防扩散头。

非水相酸碱滴定专用复合 pH 电极：采用 Ag/AgCl 内参比电极，具有移动套管式隔膜和电磁屏蔽功能。内参比液为 2mol/L 氯化锂乙醇溶液。

磁力搅拌器、旋转蒸发仪。

3. 试剂耗材

中速定性滤纸、漏斗、烧瓶、石油醚。

乙醚-异丙醇混合液：乙醚+异丙醇=1+1，500mL 的乙醚与 500mL 的异丙醇充分互溶混合，用时现配。

0.1mol/L 氢氧化钾标准溶液。

四、实验步骤

1. 试样制备

根据表 3-2，称量适量样品，搅拌混匀后加入样品 3~5 倍体积的石油醚，磁力搅拌器搅拌 30min 使样品充分分散，常温静置浸提 12h。滤纸过滤，收集并合并滤液于一个烧瓶内，40℃、0.08~0.1MPa 旋转蒸发至石油醚彻底蒸干，取残留的液体油脂作为试样进行酸价测定。

表 3-2　试样称量表

估计的酸价/(mg/g)	试样的最小称样量/g	使用滴定液的浓度/(mol/L)	试样称量的精确度/g
0~1	20	0.1	0.05
1~4	10	0.1	0.02
4~15	2.5	0.1	0.01
15~75	0.5~3.0	0.1 或 0.5	0.001
>75	0.2~1.0	0.5	0.001

2. 仪器参考条件

测定时自动电位滴定仪的参数条件如下：

（1）滴定速度　启用动态滴定模式控制。

（2）最小加液体积　0.01~0.06mL/滴（空白试验：0.01~0.03mL/滴）。

（3）最大加液体积　0.1~0.5mL（空白试验：0.01~0.03mL）。

（4）信号漂移　20~30mV。

（5）启动实时自动监控功能，由微机实时自动绘制相应的 pH-滴定体积实时变化曲线及对应的一阶微分曲线如图 3-8 所示。

终点判定：如图 3-8 所示，以游离脂肪酸发生中和反应时，其产生的“S”形 pH-滴定体积实时变化曲线上的“pH 突跃”导致的一阶微分曲线的峰顶点所指示的点为滴定终点[图 3-8（1）]。过了滴定终点后自动电位滴定仪会自动停止滴定，滴定结束自动显示出滴定终点所对应的消耗的标准滴定溶液的毫升数 V；若在整个自动电位滴定测定过程中发生多次不同 pH 范围“pH 突跃”，则以“突跃”起点的 pH 最符合或接近于 pH7.5~9.5 范围的“pH 突跃”作为滴定终点判定的依据[图 3-8（2）]；若产生“直接突跃”形 pH-滴定体积实时变化曲线，则直接以其对应的一阶微分曲线的顶点为滴定终点判定的依据[图 3-8（3）]；若在一个“pH 突跃”上产生多个一阶微分峰，则以最高峰作为滴定终点判定的依据[图 3-8（4）]。

每个样品滴定结束后，电极和滴定管应用溶剂冲洗干净，再用适量蒸馏水冲洗后方可进行下一个样品的测定。搅拌子先后用溶剂和蒸馏水清洗干净并用纸巾拭干后方可重复使用。

3. 试样溶液的测定

按表 3-2 称取 mg 提取的油脂试样加入 200mL 烧杯中，准确加入乙醚-异丙醇混合液 50~100mL，再加入磁力搅拌子搅拌至少 20s，使油脂试样完全溶解并形成样品溶液，维持搅拌状态。将已连接在自动电位滴定仪上的电极和滴定管插入样品溶液中，注意应将电极的玻璃泡和滴定管的防扩散头完全浸没在样品溶液的液面以下，但又不可与烧杯壁、烧杯底和旋转的搅拌子触碰，同时打开电极上部的密封塞。启动自动电位滴定仪，用标准滴定溶液滴定。

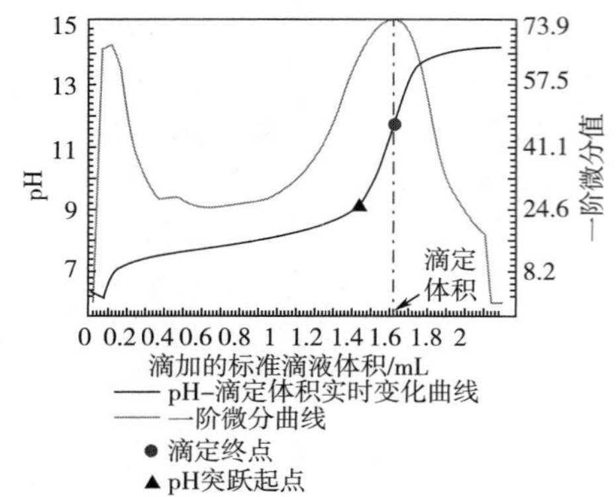

（1）典型“S”形pH-滴定体积实时变化曲线

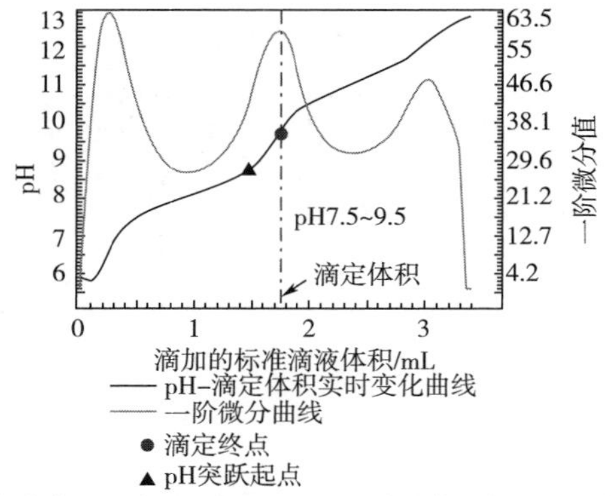

（2）多次“pH突跃”的“S”形pH-滴定体积实时变化曲线

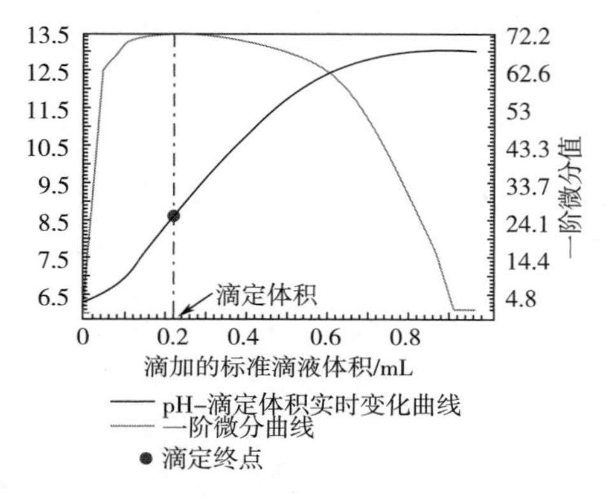

（3）“直接突跃”形pH-滴定体积实时变化曲线

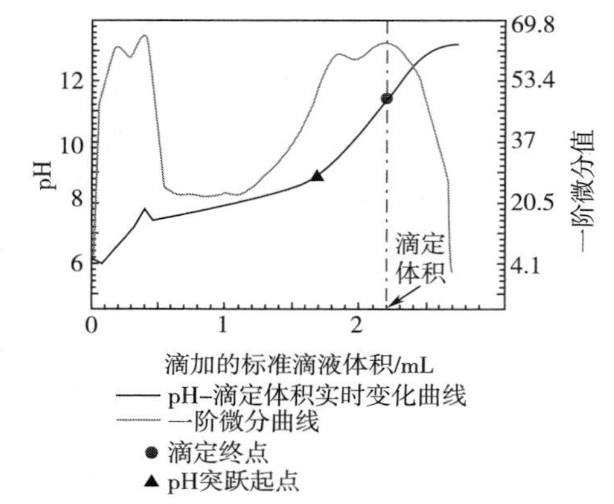

（4）“pH突跃”中多个一阶微分峰的“S”形pH-滴定体积实时变化曲线

图 3-8 电位滴定法测定酸价的终点判定方法

（参考 GB 5009.229—2016《食品安全国家标准 食品中酸价的测定》）

4. 空白试验

另取一个干净的 200mL 的烧杯，准确加入与 3. 试样溶液的测定中试样测定时相同体积、相同种类有机溶剂混合液，然后按照 2. 仪器参考条件中相关的自动电位滴定仪参数进行测定。获得空白测定的“直接突跃”形 pH-滴定体积实时变化曲线及对应的一阶微分曲线，以一阶微分曲线的顶点所指示的点为空白测定的滴定终点［图 3-8（3）］，获得空白测定消耗标准滴定溶液毫升数 V_0。

5. 结果计算

$$X_{AV}=\frac{(V-V_0)\times c\times 56.1}{m}\ (\text{mg/g}) \tag{3-23}$$

式中 V——试样测定所消耗的标准滴定溶液的体积，mL

V_0——空白测定所消耗的标准滴定溶液的体积，mL

c——标准滴定溶液的摩尔浓度，mol/L

56.1——氢氧化钾的摩尔质量，g/mol

m——油脂样品的称样量，g

酸价≤1mg/g，计算结果保留2位小数；1mg/g<酸价≤100mg/g，计算结果保留1位小数；酸价>100mg/g，计算结果保留至整数位。

五、思考题

1. 根据本组实验情况，分析实验误差来源。
2. 了解GB 5009.229—2016《食品安全国家标准　食品中酸价的测定》中测得酸价的其他方法及适用范围。

实验十七　白酒感官品评

白酒感官品评

糟醅感官分析

一、实验目的

1. 了解相关国家标准的内容及应用。

2. 了解轻松感官评价系统的使用原理及方法。

二、实验原理

白酒等食品饮料的感官评价实际上是主观感受客观呈现的过程，其客观性主要体现在环境条件、术语、数据呈现等方面，相关国家标准是产业多年研究及应用经验的总结，具有很大参考价值，如GB/T 33404—2016《白酒感官品评导则》规定了白酒感官品评的环境条件、设施用具、人员基本要求、品评规范与结果统计等基本要求，使感官品评尽量在相同条件下进行，所得结果更具有普遍参考价值；GB/T 33405—2016《白酒感官品评术语》规定了白酒感官一般性术语、与分析方法有关的术语、与感官特性有关的术语，使感官品评结果的呈现更规范，理解交流更顺畅。

轻松感官分析系统是主观感受客观呈现的另一种思路：通过计算机管理软件，以流程提示、任务列表、任务实施的配套功能（各类图表生成和统计方法后台链接）等形式，实现样品制备、样品提供、评价员评价、结果汇总、结果分析、检测报告等感官评价的主要活动并进行有效管理。

三、实验材料

1. 待测样品

典型浓香型白酒、典型清香型白酒、典型酱香型白酒、典型米香型白酒、食用酒精。

2. 仪器设备

轻松感官评价系统、电脑、品评桌。

3. 试剂耗材

标准品酒杯、无香抽纸、标签纸、记号笔等。

四、实验步骤

1. 试样制备

针对5个酒样、15个品酒人员，按表3-3生成15个随机码贴在品酒杯上，倒入15~20mL酒液，分装入15个托盘，每个托盘5个酒样（表3-4）。

表 3-3　酒样制备表

样品名称	样品类别	随机码
1-3	A	057，339，436，742，272，027，968，923，454，079，265，815，320，185，256
2-3	B	842，688，190，437，677，974，261，218，512，106，143，596，496，718，710
3-3	C	686，987，012，780，639，406，216，661，171，519，223，699，756，182，526
4-3	D	841，980，198，703，676，211，178，665，108，410，251，750，499，299，259
5-3	E	783，381，700，705，052，870，869，960，311，131，753，956，521，715，909

表 3-4　酒样提供顺序

盘号	样品顺序	随机码
1	A，B，C，D，E	057，842，686，841，783
2	B，A，C，D，E	688，339，987，980，381
3	C，B，A，D，E	012，190，436，198，700
4	D，B，C，A，E	703，437，780，742，705
5	E，B，C，D，A	052，677，639，676，272
6	A，B，C，E，D	027，974，406，870，211
7	B，A，C，E，D	261，968，216，869，178
8	C，B，A，E，D	661，218，923，960，665
9	E，B，C，A，D	311，512，171，454，108
10	D，B，C，E，A	410，106，519，131，079
11	A，B，D，C，E	265，143，251，223，753
12	B，A，D，C，E	596，815，750，699，956
13	D，B，A，C，E	499，496，320，756，521
14	C，B，D，A，E	182，718，299，185，715
15	E，B，D，C，A	909，710，259，526，256

2. 喜好度评价

喜好标度主要分析酒样受大众的喜欢程度，如表 3-5 所示。

表 3-5　喜好标度指标

描述词以及对应分值								
特别厌恶 0 分	很厌恶 1 分	厌恶 2 分	有点厌恶 3 分	一般 4 分	有点喜欢 5 分	喜欢 6 分	很喜欢 7 分	特别喜欢 8 分

3. 风味剖面比较

风味剖面主要品评酒样的风味构成（辛辣程度、爽净程度、香气浓度、主体香味等），系统根据相应指标自动生成打分表（表 3-6）。

表 3-6　风味剖面指标

指标	描述词（打分）
澄清透明度	明显浑浊（1 分），些许浑浊（2 分），澄清透明（3 分）
主体香味	清香（1 分），酱香（2 分），花果香（3 分）
香味浓度	弱（1 分），一般（2 分），强（3 分）
辛辣程度	辛辣（1 分），一般（2 分），弱（3 分）
后味爽净程度	苦涩（1 分），一般（2 分），爽净（3 分）

4. 数据呈现与分析

分别采用恰当的图标呈现上述品评结果，并针对品评结果，结合各样品背景，分析造成各样品喜好性评分差异及风味剖面差异的主要因素。

五、思考题

哪些因素会影响感官品评的客观性及完整性？

实验十八　SPME-GCMS 测定腐乳中主要的风味物质

SPME 检测酒类挥发性物质

一、实验目的

1. 理解 SPME-GCMS 检测风味物质的原理。
2. 掌握 SPME-GCMS 检测风味物质的方法

二、实验原理

顶空固相微萃取（SPME）与其他萃取方法一样，同样遵循“相似相溶”的原则，如同毛细管色谱柱的选择，没有一种萃取头能萃取所有的化合物。涂层的极性与厚度必须与分析物的性质匹配，极性较强的涂层（如聚丙烯酸酯萃取头）适合萃取极性化合物，而非极性的聚二甲基硅氧烷萃取头则主要用于非极性化合物的萃取。萃取头涂层对于分析物要有较强的萃取能力，能在较短时间内达到吸附平衡，热解吸时分析物能迅速从萃取头上解吸，由于解吸通常在高温下进行，因此，所选萃取头必须有良好的热稳定性。

顶空固相萃取是萃取头的极性和涂层厚度，取样方式（顶空或浸入），样品 pH 和加盐量，样品恒温温度和萃取时间，搅拌状况，样品瓶中溶液与顶空的体积比例，乃至取样时萃取头与液面的距离等参数均需通过实验确定，并在以后的测定中严格保持一致，方可获得重复的测定结果。

萃取头的选择可参考图 3-9。

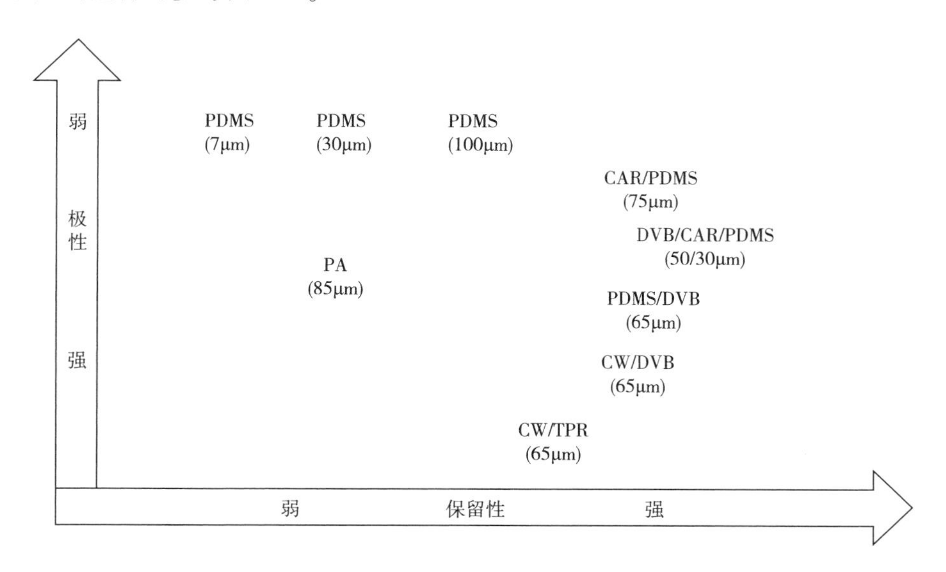

图 3-9　顶空固相微萃取（SPME）常用萃取头的选择原则

PDMS—萃取头涂布有聚二甲基硅氧烷（Polydimethylsiloxane）　CAR—萃取头涂布有碳分子筛（Carboxen）
DVB—萃取头涂布有二乙烯苯（Divinylbenzene）　CW—萃取头涂布有石蜡（Carbowax）
PA—萃取头涂布有聚丙烯酸酯（Polyacrylate）　TPR—萃取头涂布有模化树脂（Templated Resin）

三、实验材料

1. 待测样品

市售瓶装腐乳。

2. 仪器设备

GC-MS、DVB/CAR/PDMS（50/30μm）顶空萃取头、手动或自动顶空进样装置、磁力搅拌器、4mm 聚四氟乙烯磁力搅拌子。

3. 试剂耗材

NaCl、色谱进样垫、顶空瓶等。

四、实验步骤

1. 试样制备

腐乳去除调料后捣碎，称取 2g 左右（精确到 0.001g）加入 20mL 顶空瓶中，再加入 2.0g NaCl、终浓度 40μg/L 的 2-辛醇、去离子水 6mL，50℃平衡 20min，再插入老化后的 50/30μm DVB/CAR/PDMS 萃取头，萃取 40min，用于手动进样分析。

2. 仪器参考条件

Agilent DB-WAX 毛细管色谱柱（50m×0.25mm×0.25μm）；40℃保持 1min，以 2℃/min 升至 60℃，保持 2min，再以 4℃/min 升至 100℃，保持 2min，再以 10℃/min 升至 260℃，保持 3min。载气（He）流速 1.0mL/min，不分流进样，进样口温度 250℃。扫描范围 33~350amu。

3. 实验清理

清洗顶空瓶，收拾台面，关闭 GC-MS 及气瓶。

4. 数据分析

以安捷伦 GC-MS 仪器自带的数据分析软件为例，其数据分析流程如下：

（1）本底扣除　首先在本底处双击鼠标右键，得到一张质谱图。点击“文件/背景扣除（BSB）”。总离子流中每一张谱图都减掉这一张谱图。得到的新谱图带有（BSB1）标记。新的谱图保存在 data/BSB 文件夹中。如果重复扣减，仅仅保存最后一次。注意被扣减的谱图中如果含有某些有用的峰，它将会被当作本底扣减掉，造成某些谱图检索质量下降。

（2）查看峰纯度　积分后点击“视图/查看峰纯度”或点击图标可以自动对每个被积分的峰提取若干离子检验其保留时间的吻合程度。点击“视图/返回数据分析”回到标准菜单。

（3）定性分析　选择 NIST 检索或 PBM 检索作为默认的检索方式。用右键双击化合物 TIC 谱图得到该化合物的质谱图，用鼠标右键在目标化合物 TIC 谱图区域内拖拽可得到该化合物在所选时间范围内的平均质谱图，右键双击则得到单点的质谱图。再双击右键，与标准谱图比较，得到定性比对结果，点击文本，即可看到该化合物的信息，主要查看 CAS 号，记录。

注意：没有一个检索程式或一种经验能保证100%的正确检索结果，很多因素会影响检索的质量，例如，①采集未知样品与参考谱时的仪器种类是否相同；②采集未知样品与参考谱时的实验条件是否相同；③所扣除的背景选择；④PBM检索时的策略；⑤数据库中谱图的质量；⑥在谱库中是否包含该化合物；⑦检索策略的选择；⑧库检索；⑨未知谱的状况。

影响检索的因素包括：适当的扫描范围，扫描阈值；在GC峰中的位置，尽量选择峰顶位置的谱图或选择平均谱图检索；混合物谱先扣除背景后再检索。

（4）百分比报告　在方法下调入采集此数据的方法，然后通过点击“自动积分”或“积分”得到积分结果，如果对自动积分的结果不满意，可以到色谱图菜单选择“质谱信号积分参数”更改积分参数，然后选择“积分”；直到得到满意的积分结果，再输出积分结果或百分比报告，通常会得到表3-7的数据表格，其中峰类型BB指从基线到基线，BV指从基线到峰谷，VV指从峰谷到峰谷，BP指基线渗透到基线以下，M指手动积分。

表3-7　顶空进样数据分析结果范例

序号	保留时间/min	风味物质	CAS编号	峰类型	相对含量/%	含量（以2-辛醇计）/（mg/L）
1	2.143	乙醛	000075-07-0	BV	1.181	0.11
2	2.573	丙酮	000067-64-1	VV	0.764	0.10
3	3.081	乙酸乙酯	000141-78-6	M	1.154	0.08
4	3.77	乙醇	000064-17-5	VB	87.729	0.05
5	7.971	异丁醇	000078-83-1	BB	8.507	0.04
6	9.634	乙酸戊酯	000628-63-7	BV	1.174	0.04
7	10.916	异戊醇	000123-51-3	BB	0.344	0.08
8	12.657	正戊醇	000071-41-0	BB	2.458	0.08
9	16.892	甲基乙酰甲醇	000513-86-0	M	0.460	0.07
10	19.298	乙酸	000064-19-7	M	0.018	0.06
11	20.249	2，3-丁二醇	024347-58-8	M	0.150	0.06
12	29.271	苯乙醇	000060-12-8	BB	0.442	0.13
13	43.761	角鲨烯	000111-02-4	BB	0.892	0.19

五、思考题

在本实验中2-辛醇起到什么作用？如果据此对苯乙醇进行定量分析，所得含量是否为苯乙醇的真实含量？

实验十九　酱油种曲蛋白酶活性的测定

蛋白酶活性测定方法

一、实验目的

1. 理解蛋白酶活性测定的原理。
2. 掌握蛋白酶活性测定的方法。

二、实验原理

蛋白酶可切断蛋白质分子内部的肽键，使蛋白质分解为小分子多肽和氨基酸，蛋白酶活性以蛋白酶活性单位表示，定义为1g或1mL酶在一定温度和pH条件下，1min内水解酪蛋白产生1μg酪氨酸，即为1个酶活性单位，以U/g（U/mL）表示。

蛋白酶在一定的温度与pH条件下，水解酪蛋白底物，产生含有酚基的氨基酸（如酪氨酸、色氨酸等），在碱性条件下，将福林试剂还原，生成钼蓝与钨蓝，用分光光度计于波长680nm下测定溶液的吸光度。酶活性与吸光度成比例，由此可以计算产品的酶活性。

三、实验材料

1. 待测样品

酱油种曲：市售。

2. 仪器设备

分析天平（感量为0.1mg）、紫外可见分光光度计、恒温水浴锅、pH计。

3. 试剂耗材

（1）福林试剂　于2000mL磨口回流装置中加入钨酸钠（$Na_2WO_4 \cdot 2H_2O$）100.0g、钼酸钠（$Na_2MoO_4 \cdot 2H_2O$）25.0g、水700mL、85%磷酸50mL、浓盐酸100mL。小火沸腾回流10h，取下回流冷却器，在通风橱中加入硫酸锂（Li_2SO_4）50g、水50mL和数滴浓溴水（99%），再微沸15min，以除去多余的溴（冷后仍有绿色需再加溴水，再煮沸除去过量的溴），冷却，加水定容至1000mL。混匀，过滤。制得的试剂应呈金黄色，贮存于棕色瓶内。使用时与2份水混合摇匀。也可使用市售福林溶液配制。

（2）碳酸钠溶液（42.4g/L）　称取无水碳酸钠（Na_2CO_3）42.4g，用水溶解并定容至1000mL。

（3）三氯乙酸（65.4g/L）　称取三氯乙酸65.4g，用水溶解并定容至1000mL。

（4）氢氧化钠溶液（20g/L）　称取氢氧化钠片剂20.0g，加水900mL并搅拌溶解。待溶液到室温后续水定容至1000mL，搅拌均匀。

（5）盐酸溶液　c（HCl）= 1mol/L、c（HCl）= 0.1mol/L。

（6）磷酸缓冲液（pH 7.5）　分别称取磷酸氢二钠（$Na_2HPO_4 \cdot 12H_2O$）6.02g和磷酸

二氢钠（$NaH_2PO_4 \cdot 2H_2O$）0.5g，加水溶解并定容至1000mL。

（7）酪蛋白溶液（10.0g/L）　称取标准酪蛋白（NICPBP 国家药品标准物质）1.000g，精确到0.001g，用少量氢氧化钠溶液（若酸性蛋白酶制剂则用浓乳酸2~3滴）湿润后，加入相应的缓冲溶液约80mL，在沸水浴中加热煮沸30min，并不时搅拌至酪蛋白全部溶解。冷却到室温后转入100mL容量瓶中，用适宜的pH缓冲溶液稀释至刻度。定容前检查并调整pH至相应缓冲液的规定值。此溶液在冰箱内贮存，有效期为3d。使用前重新确认并调整pH至规定值。

注：不同来源或批号的酪蛋白对试验结果有影响。如使用不同的酪蛋白作为底物，使用前应与以上标准酪蛋白进行结果比对。

（8）L-酪氨酸标准储备溶液（100μg/mL）　精确称取预先于105℃干燥至恒重的L-酪氨酸0.1000g±0.0002g，用1mol/L盐酸溶液60mL溶解后定容至100mL，即为1mg/mL酪氨酸溶液。吸取1mg/mL酪氨酸溶液10.00mL，用0.1mol/L盐酸溶液定容至100mL，即得到100μg/mL的L-酪氨酸标准储备溶液。

四、实验步骤

1. 标准曲线制作

按表3-8配制酪氨酸标准溶液，再分别取上述溶液各1.00mL（做3个平行实验），各加碳酸钠溶液5.00mL、福林试剂使用溶液1.00mL，振荡均匀，置于40℃±0.2℃水浴中显色20min，取出，用分光光度计于波长680nm，10mm比色皿，以不含酪氨酸的1号试管为空白组，分别测定其吸光度。

表3-8　酪氨酸标准溶液配制

试管编号	1	2	3	4	5	6
蒸馏水/mL	10	8	6	4	2	0
100μg/mL 酪氨酸/mL	0	2	4	6	8	10
酪氨酸最终浓度/(μg/mL)	0	20	40	60	80	100

测定步骤：取6支试管编号按表3-9分别吸取不同浓度酪氨酸1mL，各加入42.4g/L碳酸钠溶液5mL，再各加入已稀释的福林试剂1mL。摇匀置于水浴锅中。40℃保温发色20min，分别测定吸光度。一般测三次，取平均值。将1~6号试管所测得的吸光度减去1号管（蒸馏水空白试验）所测得的吸光度，填入表3-9。

表3-9　标曲制作数据记录表

试管编号	1	2	3	4	5	6
按表3-8制备的不同浓度酪氨酸/mL	1	1	1	1	1	1
碳酸钠溶液/mL	5	5	5	5	5	5

续表

试管编号		1	2	3	4	5	6
福林试剂/mL		1	1	1	1	1	1
吸光度	1						
	2						
	3						
	平均值						
减去空白后的吸光度							

以减去空白后的吸光度 A 为纵坐标，酪氨酸的浓度 c 为横坐标，绘制标准曲线。利用回归方程，计算出当吸光度为 1 时的酪氨酸的量（μg），即为吸光常数 K 值。其 K 值应在 95～100 范围内。如不符合，需重新配制试剂，进行试验。

2. 待测酶液的制备

称取充分研细的成曲 5g，精确至 0.0002g，加水至 100mL，在 40℃水浴内间断搅拌 1h，然后取滤液（慢速定性滤纸）稀释至适当浓度，滤液用 0.1mol pH7.5 磷酸缓冲液稀释到一定倍数（估计酶活性而定），推荐浓度范围为酶活性 10～15U/mL。

3. 测定

取 15mm×100mm 试管 3 支，分别编号 1、2、3，每管内加入样品稀释液 1mL，置于 40℃水浴中预热 2min，再各加入经同样预热的酪蛋白 1mL，精确保温 10min，时间到后，立即再各加入 65.4g/L 三氯乙酸溶液 2mL，以终止反应，继续置于水浴中保温 20min，使残余蛋白质沉淀后离心或过滤，然后取上述编号 1、2、3，15mm×150mm 试管，每管内加入滤液 1mL，再加入 42.4g/L 碳酸钠溶液 5mL，已稀释的福林试剂 1mL，摇匀，40℃保温发色 20min 后进行光密度（OD）测定。

空白试验也取 3 支试管，分别编号（1）、（2）、（3），测定方法同上，唯在加酪蛋白之前先加入 65.4g/L 三氯乙酸溶液 2mL，使酶失活，再加入酪蛋白。

为了清楚起见，分别列出表格于下（表 3-10 及表 3-11）。

表 3-10　蛋白酶活性测定试剂添加过程

试剂	试管 1	试管 2	试管 3	试剂	试管（1）	试管（2）	试管（3）
预热酶液/mL	1	1	1	预热酶液/mL	1	1	1
预热 2%酪蛋白/mL	1	1	1	三氯乙酸溶液/mL	2	2	2
作用 10min（精确计时）							
三氯乙酸溶液/mL	2	2	2	预热 2%酪蛋白/mL	1	1	1

表 3-11　蛋白酶活性测定数据记录表

试剂	试管 1	试管 2	试管 3	试管（1）	试管（2）	试管（3）
滤液/mL						
碳酸钠溶液/mL						
福林试剂/mL						
吸光度 A						
平均吸光度 A	样品的平均吸光度 A			空白的平均吸光度 A		
减去空白的吸光度 A	样品的平均吸光度 A-空白的平均吸光度 A					

4. 计算

在 40℃下每分钟水解酪蛋白产生 1μg 酪氨酸，定义为 1 个蛋白酶活性单位。

$$样品蛋白酶活性单位（干基）=\frac{A}{10}\times 4\times N\times \frac{1}{1-W} \tag{3-24}$$

式中　A——吸光值，查标准曲线得相当的酪氨酸微克数（或 OD 值×K）

4——4mL 反应液取出 1mL 测定（即 4 倍）

N——酶液稀释的倍数

10——反应 10min

W——样品水分含量，%

所得结果表示至整数。

试验结果以平行测定结果的算术平均值为准。在重复性条件下获得的两次独立测定结果的绝对差值不大于算术平均值的 3%。

5. 注意事项

（1）L-酪氨酸稀释液应在稀释后立即进行测定。

（2）测定过程注意观察颜色变化，及时发现异常情况。

五、思考题

哪些因素会影响蛋白酶活性测定的准确度？

实验二十 大曲淀粉酶活性的测定

大曲糖化酶活性的测定

一、实验目的

1. 了解大曲糖化酶测定的基本方法。

2. 理解淀粉酶作用原理。

二、实验原理

大曲发酵过程中多种真菌及细菌可产淀粉酶，大曲淀粉酶活性与出酒率密切相关，因其能水解淀粉分子链中的 α-1,4 葡萄糖苷键，将淀粉链切断成为短链糊精和少量麦芽糖和葡萄糖，糊精及麦芽糖可经糖化酶进一步分解为单糖发酵产酒。

α-淀粉酶将淀粉分子链中的 α-1,4 葡萄糖苷键随机切断后，使淀粉对碘呈蓝紫色的特性反应逐渐消失，呈现棕红色，其颜色消失的速度与酶活性有关，据此可通过反应后的吸光度计算酶活性，其定义如下。

大曲淀粉酶活性单位定义：1g 绝干曲粉于 60℃、pH6.0 条件下，1h 液化 1g 可溶性淀粉，即为 1 个酶活性单位，以 U/g（U/mL）表示。

三、实验材料

1. 待测样品

白酒酿造用中高温大曲。

2. 仪器设备

水浴锅、移液器、白瓷盘、分光光度计、秒表。

3. 试剂耗材

碘、碘化钾、乙酸钠、冰乙酸、磷酸氢二钠、柠檬酸、盐酸、酶制剂分析专用淀粉。

试管：25mm×200mm。

四、实验步骤

1. 溶液配制

原碘液：称取 11.0g 碘和 22.0g 碘化钾，用少量水使碘完全溶解，定容至 500mL，贮存于棕色瓶中。

稀碘液：吸取原碘液 2.00mL，加 20.0g 碘化钾用水溶解并定容至 500mL，贮存于棕色瓶中。

磷酸缓冲液（pH6.0）：称取 45.23g 磷酸氢二钠（$Na_2HPO_4 \cdot 12H_2O$）和 8.07g 柠檬酸（$C_6H_8O_7 \cdot H_2O$），用水溶解并定容至 1000mL。用 pH 计校正后使用。

2. 试样制备

大曲粉碎过 40 目筛，105℃烘干至恒重，根据测得水分计算、称取大曲绝干试样 5.0g

（精确至 0.0001g），加水 90mL、乙酸钠缓冲液 10mL，30℃浸提 1h，其间每隔 15min 搅拌一次，干过滤，取酶液 10mL 备用，该 10mL 酶液含大曲绝干试样 0.5g。

对于其他酶制剂，如测中温 α-淀粉酶酶液酶活性，控制酶浓度在 3.4～4.5U/mL 范围内，如为耐高温 α-淀粉酶活性，控制酶浓度在 60～65U/mL 范围内。

3. 底物制备

可溶性淀粉溶液（20g/L）：称取 2.000g（精确至 0.001g）可溶性淀粉（以绝干计）于烧杯中，用少量水调成浆状物，边搅拌边缓缓加入 70mL 沸水中，然后用水，分次冲洗装淀粉的烧杯，洗液倒入其中，搅拌加热至完全透明，冷却定容至 100mL。溶液现配现用。

4. 酶活性测定

混合酶液与底物，比色，采用碘液监测反应进行情况，监测方法为：反应液 0.5mL 与稀碘液 1.5mL 在白瓷盘上混匀，可见颜色由紫色逐渐变红棕色，记录时间（t）。

也可采用比色法监测反应进行：用自动移液器吸取 1.00mL 反应液，加到预先盛有 0.5mL 盐酸溶液和 5.00mL 稀碘液的试管中，摇匀，并以 0.5mL 盐酸溶液和 5.00mL 稀碘液为空白，于 660nm 波长下用 10mm 比色皿迅速测定其吸光度（A）。根据吸光度查阅 GB 1886.174—2016《食品安全国家标准　食品添加剂　食品工业用酶制剂》的附录 B，求得待测酶液的浓度。

5. 结果计算

根据酶活性单位的定义计算待测酶液浓度，注意单位及有效数字。

五、思考题

分析影响淀粉酶活性测定结果的因素。

实验二十一　大曲酯化酶活性的测定

一、实验目的

1. 了解大曲酯化酶测定的基本方法。
2. 理解酯化酶作用机制。

二、实验原理

在白酒生产过程中，酯化酶是脂肪酶、酯合成酶、酯分解酶和磷脂酸酶的总称，主要催化酒醅中游离的有机酸和乙醇生成脂肪酸酯，在各酯化酶中，脂肪酶因具有较好的酯化能力，对白酒中脂类物质的合成具有至关重要的意义。多种微生物均可作为酯化酶的重要来源，其中红曲霉、根霉等高产酯化酶。

大曲酯化酶活性与白酒品质密切相关，其酶活定义为：1g 大曲粉于 30℃下，1h 生成的己酸乙酯毫克数，即为 1 个酶活性单位，以 U/g 表示。

三、实验材料

1. 待测样品

白酒酿造用中高温大曲。

2. 仪器设备

碱式滴定管、移液器、秒表。

3. 试剂耗材

乙醇、正庚烷、己酸、具塞磨口瓶、NaOH 标准溶液（0.025mol/L）、1%酚酞为指示剂。

四、实验步骤

1. 溶液配制

1.44mol/L 的乙醇庚烷溶液：3.5mL 乙醇+100mL 正庚烷。

1.20mol/L 的己酸庚烷溶液：7.6mL 己酸+100mL 正庚烷。

2. 试样制备

大曲粉碎过 40 目筛，105℃烘干至恒重，根据测得水分计算、称取大曲绝干试样 1g（精确至 0.0001g）备用。

3. 酯化酶活性测定

在 100mL 具塞磨口瓶中混匀 2. 试样制备中的曲粉、5mL 乙醇庚烷、5mL 己酸庚烷溶液，30℃恒温振荡 72h。取反应液 100μL 加入 5mL 去离子水中，用 0.025mol/L 的 NaOH 滴定未反应的己酸，以 2 滴 1%酚酞为指示剂，消耗的 NaOH 量定为 V_t。空白为 V_0。

4. 结果计算

1g大曲粉在30℃下每小时催化生成的己酸乙酯量（mg），定义为1个酯化酶活性单位。酯化率及酯化酶活性的计算公式分别如式（3-25）、式（3-26）所示。

$$酯化率=\frac{V_0-V_t}{V_0}\times 100\% \tag{3-25}$$

$$酯化酶活性=\frac{0.025\ (mol/L)\times(V_0-V_t)\times 144}{1\times 72}\times 1000\ (U/g) \tag{3-26}$$

式中　V_0——空白滴定消耗的NAOH，mL

V_t——样品滴定消耗的NAOH，mL

试验结果以平行测定结果的算术平均值为准。重复性条件两次独立测定结果的绝对差值不得超过算术平均值的10%。

五、思考题

1. 为何选择己酸为底物测定大曲酯化率？
2. 为何反应要在庚烷溶液中进行？

实验二十二　大曲发酵力的测定

一、实验目的

1. 了解大曲酯化酶测定的基本方法。
2. 理解酯化酶作用机制。

二、实验原理

大曲中的微生物可将糖发酵生成酒精和二氧化碳，通过测定发酵过程中产生的二氧化碳气体质量，可以衡量大曲发酵力的强弱。

大曲发酵力与白酒产量密切相关，其酶活性定义为：1g 大曲粉于 30℃ 发酵高粱糖化液 72h 引起的二氧化碳失去的气体质量，以 U/g 表示。

三、实验材料

1. 待测样品

白酒酿造用中高温大曲。

2. 仪器设备

碱式滴定管、移液器、秒表。

3. 试剂耗材

2.61mol/L 硫酸溶液：取浓硫酸 139mL 稀释至 1000mL。

带发酵栓的发酵瓶。

四、实验步骤

1. 溶液配制

7°Bé 糖化液：取高粱粉 1kg，加自来水 5L 蒸煮 2h，加入淀粉酶液化后补加 60℃ 温水 1L，加入 50000U/g 的糖化酶 50g，搅拌均匀，60℃ 糖化 3h，用稀碘液试之不显蓝色，再加热至 90℃，4 层纱布过滤，测量溶液的糖度并调整为 7°Bé 后备用。

2. 试样制备

大曲粉碎过 40 目筛，105℃ 烘干至恒重，根据测得水分计算、称取大曲绝干试样 1g（精确至 0.0001g）备用。

3. 发酵力测定

量取 100mL 的糖化液于 150mL 锥形瓶中，塞上棉塞，外包牛皮纸。带橡胶塞的发酵栓另用牛皮纸包好，上述物品均在 121℃、0.1MPa 下灭菌 20min，待冷却至 28℃ 左右时，在无菌条件下接入 2. 试样制备中准备的曲粉，将棉塞换成带橡胶塞的发酵栓，并在发酵栓中注入约 5mL 硫酸，擦干瓶外壁，置感量为 0.0001g 的分析天平上称取，读数为 M_1（不加入

曲粉的空白试验 M_3），30℃发酵 72h，取出发酵瓶轻轻摇动，使二氧化碳逸出，称量后记下读数为 M_2（空白试验读数为 M_4）。

4. 结果计算

$$大曲发酵力=(M_1-M_2)-(M_3-M_4)\ (U/g) \tag{3-27}$$

式中　M_1——加入曲粉的发酵瓶起始质量，g

M_2——加入曲粉发酵 72 h 后的发酵瓶质量，g

M_3——不加曲粉的发酵瓶起始质量，g

M_4——不加曲粉发酵 72 h 后的发酵瓶质量，g

结果保留至小数点后两位，重复性条件两次独立测定结果的绝对差值不得超过算术平均值的 10%。

五、思考题

1. 发酵力测定的误差来源主要有哪些？
2. 为何采用高粱糖化液而不是葡萄糖或蔗糖测大曲发酵力？

实验二十三　有机肥料中有机质含量的测定

有机肥料中有机质含量的测定

一、实验目的

1. 掌握有机质测定的基本方法。
2. 了解相关标准对肥料有机质含量的要求。

二、实验原理

堆肥是以各种有机废物为主要原料，经微生物发酵腐解而成的有机肥料。2021 年 6 月 1 日开始实施的 NY/T 525—2021 有机肥料标准中要求，有机肥料的有机质质量分数（以烘干基计）要大于 30%。

用定量的重铬酸钾-硫酸溶液，在加热条件下，使有机肥料中的有机碳氧化，多余的重铬酸钾溶液用硫酸亚铁标准溶液滴定，同时以二氧化硅为添加物做空白试验。根据氧化前后氧化剂消耗量，计算有机碳含量，乘以系数 1.724，为有机质含量。

三、实验材料

1. 待测样品

市售有机肥料。

2. 仪器设备

水浴锅、天平等。

3. 试剂耗材

空白：二氧化硅粉末。

氧化剂：0.1mol/L 重铬酸钾标准溶液、0.8mol/重铬酸钾标准溶液。

氧化还原指示剂：七水硫酸亚铁 0.695g+邻菲罗啉 1.485g，定容为 100mL。

还原剂（去除过量重铬酸钾）：0.2mol/L 硫酸亚铁溶液。

浓硫酸、三角瓶、漏斗、容量瓶等。

四、实验步骤

1. 试剂配制与标定

0.1mol/L 重铬酸钾标准溶液：称取经过 130℃ 烘干至恒重（3～4h）的重铬酸钾（基准试剂）4.9031g，先用少量水溶解，然后转移入 1L 容量瓶中，用水定容至刻度，摇匀备用。

0.8mol/L 重铬酸钾溶液：称取重铬酸钾（分析纯）39.23g，溶于 600～800mL 水中（必要时可加热溶解），冷却后转移入 1L 容量瓶中，稀释至刻度，摇匀备用。

邻啡啰啉指示剂：硫酸亚铁 0.695g 和邻啡啰啉 1.485g 溶于 100mL 水，摇匀，避光保存，现配现用。

0.2mol/L 硫酸亚铁标准溶液：七水硫酸亚铁 55.6g 溶于 900mL 水中，加硫酸 20mL 溶解，稀释定容至 1L，摇匀，避光保存，因其在空气中易被氧化，使用时应按如下方法标定其浓度：吸取 0.1mol/L 重铬酸钾标准溶液 20.00mL 加入 150mL 三角瓶中，加浓硫酸 3~5mL 和 2~3 滴邻啡啰啉指示剂，用硫酸亚铁标准溶液滴定。根据硫酸亚铁标准溶液滴定时的消耗量，按式（3-28）计算其准确浓度

$$c=\frac{C_1\times V_1}{V_2} \tag{3-28}$$

式中 C_1——重铬酸钾标准溶液的浓度，mol/L

V_1——吸取重铬酸钾标准溶液的体积，mL

V_2——滴定时消耗硫酸亚铁标准溶液的体积，mL

2. 有机质含量测定

有机质含量测定流程如图 3-10 所示。

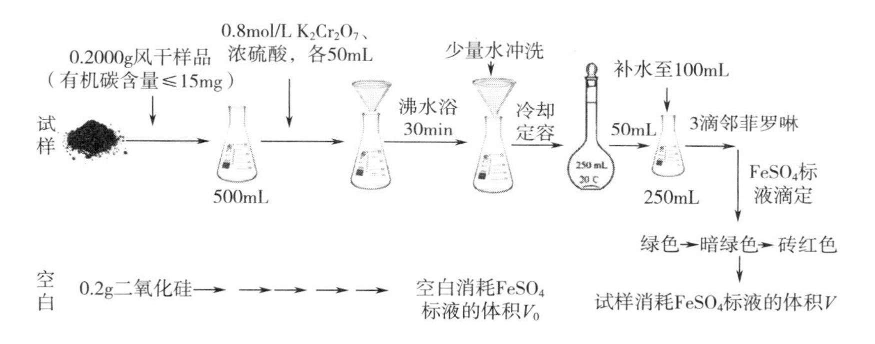

图 3-10 有机质含量测定流程

测定有机质含量时，首先称取过 ϕ1mm 筛的风干样品 0.2000g，加入 500mL 三角瓶中，然后向三角瓶中分别加入 0.8mol/L 重铬酸钾和浓硫酸各 50mL，混匀后沸水浴 30min，用少量水冲洗弯头滴管内壁，室温冷却后，转移至 250mL 容量瓶中定容，然后从中取 50mL 到 250mL 三角瓶中，补水至 100mL，加入 3 滴邻菲罗啉后，用 $FeSO_4$ 标液滴定。当溶液由绿色变为暗绿色，再变为砖红色时，终止滴定，记录试样消耗 $FeSO_4$ 标液的体积 V。同时，以 0.2g 二氧化硅为对照，进行上述操作，得空白消耗 $FeSO_4$ 标液的体积 V_0。

3. 结果计算

$$堆肥有机质含量\ X\ (\%)=\frac{c\ (V_0-V)\ \times3\times1.724\times D}{m\ (1-X_0)\ \times1000}\times100 \tag{3-29}$$

式中 c——$FeSO_4$ 标准溶液的浓度，mol/L

V_0——空白消耗 $FeSO_4$ 标准溶液的体积，mL

V——试样消耗 $FeSO_4$ 标准溶液的体积，mL

3——1/4 碳原子的摩尔浓度，g/mol

1.724——有机碳换算为有机质的系数

反应液取出 1mL 测定（即 4 倍）。

D——定容体积/分取体积，250/50

m——风干试样质量

X_0——风干试样水分,%

结果保留到小数点后 1 位，取平行测定结果的算术平均值为测定结果。

五、思考题

1. 有机肥料中的有机质含量是否越高越好？
2. 哪些因素可影响有机质含量测定结果？

实验二十四　酸奶凝固性的测定

一、实验目的

1. 了解影响酸奶凝固性的主要因素。
2. 掌握质构仪测定酸奶凝固型的方法。

二、实验原理

乳酸菌将牛奶中的乳糖发酵成乳酸使其 pH 降至酪蛋白的等电点 4.6 附近（4.0~4.6）从而使牛奶形成凝胶状，通常可采用质构仪，选择恰当的探头及检测程序测定酸奶的凝胶强度。

三、实验材料

1. 待测样品

市售酸奶。

2. 仪器设备

质构仪，塑性探头。

四、实验步骤

1. 准备工作

（1）根据样品特点选择合适的力量感应单元和实验探头。

（2）在关机状态下，将力量感应元正确地安装到仪器指定位置并旋紧旋钮。

（3）检查质构仪后面的上下限位螺母是否在仪器背面，是否松动。

（4）按照要求连接电源线、数据线，并打开操作电脑。

（5）依次打开质构仪开关和质构仪操作软件。

（6）确定软件与设备连接成功（确定方法：软件左下角 UP/DOWN 键变亮）。

2. 样品测定

（1）文件（File）→选择凝胶强度测定程序（Load Library Program）。

（2）步骤（Setup）→偏好（Preference）→常规（General）→最大量程（Maximum Load）；检测最大力量限制是否与选用的力量感应元匹配（最大力量限制值要小于力量感应元量程）。

（3）正确安装实验探头，通过上下（UP/DOWN）图标或前面板上下键将其停止在合适的高度（距离平台约 2cm 为宜）。

（4）单击“Start”开始实验，根据提示输入实验参数、放置酸奶样品。

一般需要先设置位移零点，不要着急放置样品，根据提示进行操作。

（5）实验结束后接受实验设置，接受实验条件按“1”；修改参数，按“0~”。

（6）在文件菜单下保存实验结果（如果实验量较大，实验过程中务必随时保存）。

3. 清理

（1）实验结束后清理操作平台和探头，并且用纸巾或柔软的毛巾擦拭干净，准备下一个实验。

（2）实验完毕，关闭电源，约1min后将力量感应元、探头正确取下，并擦拭清理干净，放回原处，做好实验登记。

4. 实验注意事项

（1）实验过程中，如有突发事件，请立即按“紧急停止”按键。

（2）力量感应元必须在关机状态下安装或取下。

（3）实验过程中速度不宜太快，一般在100mm/min以内即可。

5. 结果记录

选择曲线中最高点（最大受力点）记录为酸奶凝胶强度。

五、思考题

查阅资料，分析酸奶制作过程有哪些关键因素影响酸奶的凝固性。

实验二十五　内标法测定浓香型白酒中己酸乙酯含量

内标法测定浓香型
白酒中己酸乙酯含量

一、实验目的

1. 学习气相色谱仪测定风味物质的方法。
2. 掌握内标法的原理及方法。

二、实验原理

试样进入气相色谱仪中的色谱柱时，由于在气固两相中吸附系数不同，而使己酸乙酯与其他组分得以分离，利用氢火焰离子化检测器进行检测，与标样对照，根据保留时间定性，利用内标法定量。

气相色谱仪的使用步骤包括如下6个步骤。

1. 开机前准备

清洗进样针、补充洗针液。

2. 开机

打开载气钢瓶（氮气）控制阀（依次打开主阀门，分压阀）→打开电源（有需要可同时打开顶空进样器），等待仪器自检完毕→打开计算机，进入联机控制工作站→打开氢气、空气钢瓶主阀门及分压阀。

3. 调用或新建方法

可以直接调用已经编辑好的方法，也可以通过编辑完整方法进行修改，另建新的方法。检查方法时，首先检查配置，确定是否仪器接线与配制中前后检测器的选择一致。然后点击编辑气相色谱运行参数，设定自动进样器、色谱柱流量、柱箱温度等参数。

4. 运行方法

编辑序列→运行序列。

5. 关机

关闭氢气、空气钢瓶的主阀门及分压阀。

手动关闭进样口、检测器和柱箱温度，关机时三者温度需在80℃以下。

关闭气相色谱及顶空进样器电源。

关闭氮气钢瓶主阀门及分压阀，关闭UPS三个开关，关闭风机、空调。

填写使用记录。

6. 数据分析

积分：左键选择拖动可放大峰图，点击上面的积分图标可手动积分，可自动积分，也可自己编辑积分参数后积分，积分可保存。

校正：调用标样数据文件——新建校正表。

打印报告：报告——设定报告（选择外标法、内标法及百分比报告）——打印报告（打印出来的是PDF文件，需另存）。

三、实验材料

1. 待测样品

浓香型白酒。

2. 仪器设备

气相色谱仪：配有氢火焰离子化检测器（FID）。

气相色谱柱：聚乙二醇色谱柱，如 FFAP、wax 或 Lzp930 等。

3. 试剂耗材

标样：取 5 个 1000mL 容量瓶，分别吸入 1.00mL、2.00mL、3.00mL、4.00mL、5.00mL 己酸乙酯，用水定容至刻度，混匀，该溶液用于标准曲线的绘制。

1.5mL 进样瓶、进样瓶垫、一次性滤器（有机相）、正己烷、丙酮等。

四、实验步骤

1. 试样制备

2%内标的配制：吸取 2mL 的内标乙酸正丁酯于 100mL 的容量瓶中，（因内标物易挥发，可在瓶内先放少量酒精），用 55%～60%的乙醇定容。

酒样和内标混合样的配制：在酒样中加入 2%内标 0.2mL，配成 10mL 的酒样溶液，混匀后待用。

此时，酒样中内标含量为：

$$m_s = (2\% \times 0.2\text{mL} \times 0.882\text{g/mL} \times 1000 \times 100)/10 = 35.28\text{mg/100mL 酒样}$$

2. 仪器参考条件

使用 Lzp 930 色谱柱（50m×0.25mm×0.25μm）GC 检测，载气为高纯氮气，载气（高纯氮）流量：40mL/min，氢气流量：40mL/min，空气流量：500mL/min；50℃保持 3min，以 5℃/min 的速率升温至 150℃，保持 5min，再以 5℃/min 的速率升温至 190℃，保持 5min，最后以 3℃/min 的速率升温至 220℃，保持 10min；进样温度 220℃，进样量 0.2μL，分流比为 20∶1。

3. 标准曲线的制作

加入内标的标样经 0.22μm 过滤后按上述条件进行色谱分析，以己酸乙酯浓度为横坐标，以己酸乙酯和内标峰面积的比值（或峰高比值）为纵坐标，绘制工作曲线。

注：所用标准溶液应当天配制与使用，每个浓度至少要做两次，取平均值作图或计算。

4. 试样溶液的测定

按照上述仪器参考条件，将试样溶液注入气相色谱仪中，得到样品中己酸乙酯和内标峰面积的比值，由标准工作曲线计算测试液中己酸乙酯的浓度。

5. 结果计算

$$\text{己酸乙酯含量 } X = C \times f \tag{3-30}$$

式中　X——试样中己酸乙酯的含量，mg/100mL

C——试样测定液中己酸乙酯的含量，mg/100mL

f——试液稀释倍数

以重复性条件下获得的两次独立测定结果的算术平均值表示，结果保留至小数点后一位。

五、思考题

列表比较 Hp-5、DB-wax、FFAP 等常见毛细管气相色谱柱的应用范围。

实验二十六　液相色谱法测定L-乳酸含量

液相色谱法测定
L-乳酸含量

一、实验目的

1. 学习液相色谱仪的使用。
2. 掌握液相色谱法测定L-乳酸含量的方法。

二、实验原理

利用液相色谱仪分离样品中的L-乳酸，利用外标法通过峰面积对其进行定量分析。

液相色谱的使用步骤如下。

1. 确定仪器主要参数

C18柱，紫外线检测器，A、B两个梯度泵。

2. 开机前检查

检查确认排风系统、空调、UPS电源是否打开。

揭开设备防尘罩，检查仪器设备的状态标识，确保设备处于绿色可以使用状态。

检查设备外表及操作台面清洁卫生状况，确保设备外表及操作台清洁卫生良好。

检查确认所需流动相试剂级别是否为色谱纯，是否经0.22μm微孔滤膜过滤，是否经超声波脱气处理。

检查确认样品是否经前处理去除色谱柱死吸附物质（如在C18柱中的分配系数大于流动相中纯有机相中分配系数的极性非常小的物质），样品是否经0.22μm微孔滤膜过滤。

检查确认废液瓶是否倒空，废液瓶容积是否够用。

检查确认管线是否连接完好。

3. 开机与仪器准备

开机：打开计算机，进入Windows界面；打开1220LC各模块电源（左下角），待各模块自检完成（各模块右上角指示灯为黄色或者无色），填写《仪器设备使用登记表》和《色谱柱使用登记表》。

打开工作站：双击桌面“EZChrom Ellite”工作站图标，双击“1220”仪器图标，即打开工作站，从“控制”菜单中选择“仪器状态”，调出仪器状态显示界面。

检查确认流动相是否已更换，溶剂过滤头是否在溶剂瓶底部。

预热检测器：在检测器状态栏，打开紫外检测器，预热30min以上。

排气：如更换过流动相或管路有气泡，打开仪器泵模块外盖，逆时针旋开冲洗阀（约120°，不可过松）；在“梯度泵”状态栏中点右键，打开“控制”，选中“打开”，点“确定”，点右键，打开“方法”，设流速5mL/min，通道A（0%）、B（100%），单击“确定”，则系统开始冲洗通道B，直到管线内（由溶剂瓶到冲洗阀）无气泡为止（3~5min），将流动相比例调为A（100%）、B（0%），冲洗通道A，直到所有通道无气泡为止。（流动相是水时压力超过1MPa应检查管路是否堵塞），排气完毕后，将泵的流速逐渐由5、4、3、2、1、

0.5、0.2mL/min 降至 0mL/min，顺时针旋紧冲洗阀（不易过紧），盖上仪器外盖。

流动相容积设置（可不设置）：单击“梯度泵”状态栏下面的瓶图标，输入溶剂的实际体积和瓶体积。也可输入停泵的体积。单击“确定”。

平衡系统：排完气后，调节流速为 1mL/min，用流动相平衡系统，从“控制”菜单中选择“在线监测”，调出在线监测状态显示界面，监视压力基线和检测信号基线，待基线平稳后（15~20 倍柱体积，4.6mm×250mm 色谱柱，40~50min），方可进样采集分析。也可用预览运行程序进行系统平衡。

4. 色谱数据采集

方法编辑：可在图形界面下直接编辑。

序列运行：新建序列。

5. 数据处理

双击桌面“EZChrom Ellite”工作站图标，右键单击“1220”仪器图标，选择离线打开，即进入数据分析界面，调用数据文件、方法（已校正），积分，输出报告即可。

6. 关机及关机后工作

关闭检测器灯：单击检测器状态栏中的关闭开关，关闭检测器的灯后冲洗系统，可以延长检测器灯的寿命。

冲洗系统：反相色谱柱（4.6mm×250mm 色谱柱，冲洗 20 倍以上柱体积），流速 1mL/min，先用 90%水相（水）+10%有机相（甲醇）冲洗系统 30min，再用 10%水相（水）+90%有机相（甲醇）或 100%甲醇冲洗系统 30min。流动相有缓冲盐时，90%水相（水）+10%有机相（甲醇）应延长冲洗时间，可为 40min，再用 10%水相（水）+90%有机相（甲醇）或 100%甲醇冲洗系统 30min。（如超过 7d 不使用液相，需将水相管路中的液体置换为甲醇）。

关机：系统冲洗完毕后，将泵流速由 1、0.5、0.3、0.2、0.1mL/min 逐步降到 0mL/min，关闭状态界面所有模块，关闭工作站，关闭电脑，液相色谱仪各模块电源。

关机后工作：关机后，核查使用登记记录，取出进样瓶，将水相溶剂瓶中的过滤头置入含甲醇的专用溶剂瓶中，清洁整理设备外表及操作台面，盖上防尘罩，倒空废液瓶中的废液，关闭 UPS 电源、空调和排风系统。

三、实验材料

1. 待测样品

酒糟、青贮饲料等固体样品、泡菜等固体样品或酸奶、黄水等液体样品。

2. 仪器设备

液相色谱仪（配紫外线检测器）、超声波清洗器、真空过滤装置。

3. 试剂耗材

L-乳酸标样、甲醇（色谱纯）、磷酸氢二铵、磷酸、0.45μm 水相滤膜等。

四、实验步骤

1. 熟悉液相色谱的结构

2. 样品预处理

固体样品：称取试样 10g（精确至 0.0001g），加流动相稀释定容至 100mL，1000r/min 离心 5min 后，吸取上清液，0.45μm 微孔滤膜过滤后备用。

液体样品：直接吸取试样 5mL 加流动相稀释定容至 100mL，1000r/min 离心 5min 后，吸取上清液，0.45μm 微孔滤膜过滤后备用。

有机酸测定流程如图 3-11 所示。

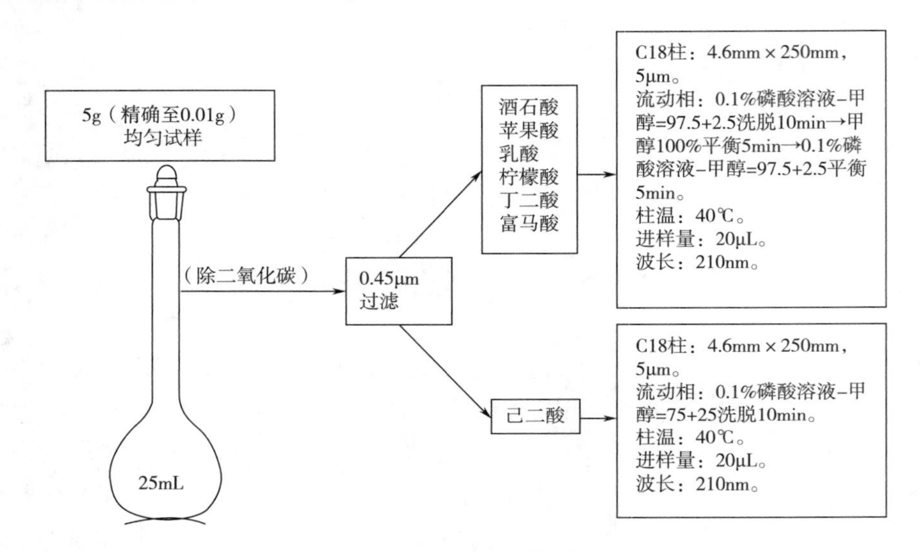

图 3-11　有机酸测定流程

酒石酸、苹果酸、乳酸、柠檬酸、丁二酸和富马酸 6 种有机酸以及己二酸标样图谱分别如图 3-12、图 3-13 所示。

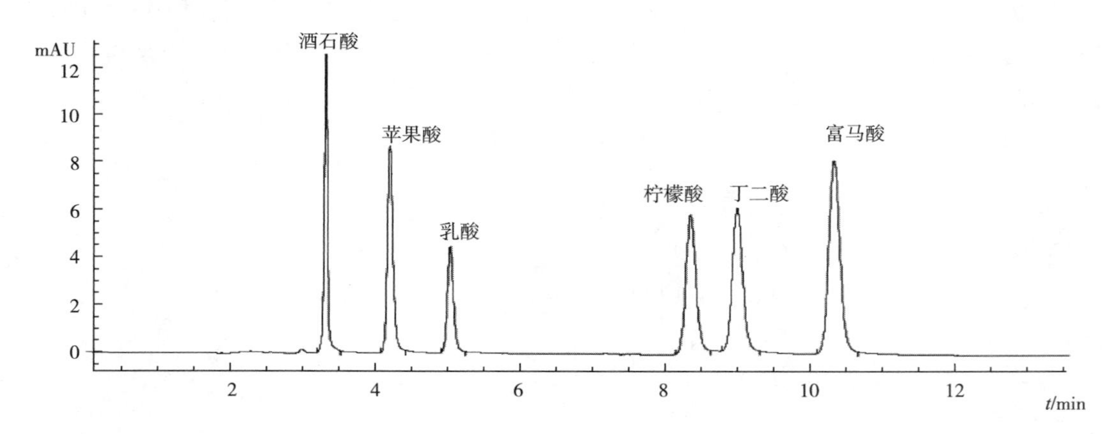

图 3-12　6 种有机酸标样图谱

酒石酸—50mg/L　苹果酸—100mg/L　乳酸—50mg/L　柠檬酸—50mg/L　丁二酸—250mg/L　富马酸—0.25mg/L

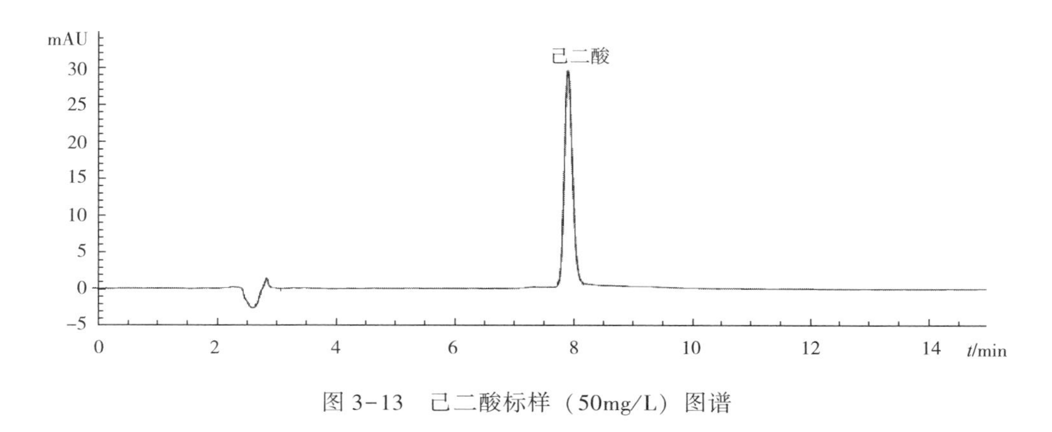

图 3-13　己二酸标样（50mg/L）图谱

3. 色谱分析

（1）色谱条件　C18 色谱柱（ϕ4.6mm×15cm），或其他等效的色谱柱，流量为 1.000mL/min，柱温控制为 25.0℃；进样量 5μL，针清洗后进样；流动相为甲醇：磷酸缓冲液（pH2.8）= 3：97，检测波长：254nm。使用纯度 98%的 L-乳酸作为标样和超纯水配制浓度为 1g/L、2g/L、4g/L、6g/L、8g/L、10g/L 的标样，样品及标样均经 0.45μm 过滤后进样。

（2）标样测定　分别测定 1g/L、2g/L、4g/L、6g/L、8g/L、10g/L 的乳酸标样，通过 Excel 软件进行线性拟合，得到 L-乳酸含量（y）与峰面积（x）的线性方程 $y=kx+b$，并得到 r 值。

（3）样品测定　测定样品中 L-乳酸，得到峰面积 x，输入到线性拟合方程，计算得到 L-乳酸含量。试验结果以平行测定结果的算术平均值为准。在重复性条件下获得的两次独立测定结果的绝对差值不大于 0.2%。

五、思考题

1. 总结液相色谱仪使用注意事项。
2. 查阅资料，总结液相色谱仪检测其他有机酸的方法。

实验二十七　外标法测定白酒中塑化剂含量

一、实验目的

1. 学习气质联用色谱仪的使用。
2. 掌握外标法测定白酒中塑化剂含量。

二、实验原理

1. 气质联用色谱仪的质谱定性原理

（1）化学原理　相同化学物质在外力作用下其化学键断裂规律一致。

（2）物理原理　带电质点在真空中飞行的距离取决于质荷比。

（3）仪器实现的方法　利用各种方法（主要是电子电离）使分子碎片化，每个碎片成为带 1 个电荷的离子，各个碎片在真空通道的飞行距离即为质荷比（数值等于分子质量）。

（4）数据分析　通过各个碎片的分子质量大小及含量比例（由离子图展示），与标准物质数据库（通常是 NIST 数据库）比对，初步判断其结构式，必要时可辅以标样加以确定。

每条 2 分，意思相同即可。

2. GC-MS 操作流程

（1）开机

①打开载气钢瓶（He）控制阀（有 3 个开关，依次打开主阀门，分压阀，流路上的黑色阀门），设置分压阀压力至 0.5MPa。

②打开 7890GC、5975MSD 电源（若 MSD 真空腔内已无负压则应在打开 MSD 电源的同时用手向右侧推真空腔的侧板直至侧面板被吸牢），等待仪器自检完毕。

③打开计算机，进入工作站。

④在仪器控制界面下，单击视图菜单，选择调谐及真空控制进入调谐与真空控制界面，在真空菜单中选择真空状态，观察真空泵运行状态，状态显示压力应很快达到 100mToor 左右（≈13.33Pa），否则，说明系统有漏气，应进行漏气检查。

⑤注意：提醒离子源和四级杆温度是否升温时，不要升温，以免污染离子源。抽真空 3h 后可升温至离子源 150℃，四级杆 100℃，继续抽真空 3h 后可升温至离子源 230℃，四级杆 150℃，即检测温度。

（2）调谐　调谐应在仪器至少开机 6h 后方可进行，并先通过手动调谐检漏。首先确认打印机已连好并处于联机状态，然后进入工作站，在仪器控制界面下，单击视图菜单，选择调谐及真空控制，进入调谐与真空控制界面，单击调谐菜单，选择自动调谐，进行自动调谐，调谐结果自动打印后，对照检查调谐报告，看是否满足要求，如合格，保存调谐参数，点击视图，选择仪器控制返回到仪器控制界面，即完成整个开机过程。

合格的调谐报告要求满足以下条件。

①轮廓图中峰形要平滑对称。

②同位素峰分离状况（M/Z 503 与 M/Z 502 之间的峰谷高度应小于 M/Z 503 峰高的一半）。

③EM 电压与前次调谐相比，无明显增加。

④质谱图中峰数目（不多于 200 个），基峰的绝对丰度（20 万~50 万）。

⑤水和空气峰相对于 69 的比（M/Z 28 的丰度<M/Z 69 丰度的 10%；M/Z 18 的丰度<M/Z 69 丰度的 20%）。

⑥M/Z 219 的丰度>M/Z 69 丰度的 40%；M/Z 502 的丰度>M/Z 69 丰度的 2%。

⑦同位素丰度比如下：

M/Z 70：M/Z 69　　0. 5%~1. 6%

M/Z 220：M/Z 219　　3. 2%~5. 4%

M/Z 503：M/Z 502　　8%~12%

（3）调用或新建方法　可以直接调用已经编辑好的方法，通过编辑完整方法进行修改，也可以直接点击仪器控制界面上“仪器”部分的小图标来建方法。点击编辑气相色谱运行参数，编辑质谱及色谱参数。

（4）运行　一个序列即是一个指令表。这些指令陈述使用什么样品、方法、数据文件名称以及运行的顺序。直接点击编辑序列，编辑后保存序列。点击可运行当前序列，也可直接在序列编辑状态下点击“运行序列”图标。

（5）数据分析

①查看峰纯度：积分后点击“视图/查看峰纯度”或点击图标可以自动对每个被积分的峰提取若干离子检验其保留时间的吻合程度。点击“视图/返回数据分析”回到标准菜单。

②得到目标化合物的质谱：用右键双击化合物 TIC 谱图得到该化合物的质谱图；用鼠标右键在目标化合物 TIC 谱图区域内拖拽可得到该化合物在所选时间范围内的平均质谱图，右键双击则得到单点的质谱图。

③谱库检索：选择 NIST 检索或 PBM 检索作为默认的检索方式，匹配的结果会自动产生。点击右键展开的离子图中上面是未知谱，下面是标准谱。如果选中差异谱图，则会出现两张谱图之差。通过差谱可以更容易发现未知谱与标准谱的差别。点击文本，即可看到该化合物的信息，主要查看 CAS 号，记录。

注意：没有一个检索程式或一种经验能保证 100%的正确检索结果，很多因素会影响检索的质量，例如，采集未知样品与参考谱时的仪器种类是否相同；采集未知样品与参考谱时的实验条件是否相同；所扣除的背景选择；PBM 检索时的策略；数据库中谱图的质量；在谱库中是否包含该化合物；检索策略的选择；库检索；未知谱的状况。

④百分比报告：方法下调入采集此数据的方法，然后通过点击“自动积分”或“积分”得到积分结果，如果对自动积分的结果不满意，可以到色谱图菜单选择“质谱信号积分参数”更改积分参数，然后选择“积分”，直到得到满意的积分结果。

（6）关机　工作站系统中通过视图进入调谐和真空控制界面，选择“放空”，在跳出的画面中点击“确定”进入放空程序，手动关闭进样口和柱箱温度，关机时温度需在 80℃ 以下。约 40min 后质谱工作站会自动关闭，此时可分别关闭气相色谱及质谱电源、关闭电脑，关闭载气，关闭风机。填写使用记录。

3. 邻苯二甲酸酯检测原理

白酒提取、净化后经气相色谱-质谱联用仪进行测定。采用特征选择离子监测扫描模式（SIM），以保留时间和定性离子碎片的丰度比定性，外标法定量。

三、实验材料

1. 待测样品

白酒。

2. 仪器设备

气相色谱-质谱联用仪（GC-MS），超声波发生器，分析天平（感量为 0.0001g）、氮吹仪、涡旋振荡器、离心机、固相萃取（SPE）装置。

3. 试剂耗材

邻苯二甲酸二异丁酯（DIBP）、邻苯二甲酸二正丁酯（DBP）标准品，纯度>99%。

正己烷（色谱纯）、乙腈（色谱纯）、丙酮（色谱纯）、无水硫酸钠（分析纯，200℃烘 3h 后备用）、无水乙醇（色谱纯）、氯化钠（色谱纯）等。

固相萃取柱：PSA/Silica 复合填料玻璃柱（1000mg，6mL）。

所有试验用玻璃器皿均用丙酮浸泡 12h 后 200℃烘烤 2h。

四、实验步骤

1. 标准曲线绘制

（1）标准溶液的制备　准确称取 DIBP、DBP 标准品各 0.05g，分别用正己烷稀释定容至 50mL，配制成 1000mg/L 的单标储备液于棕色容量瓶中。分别移取上述 2 种单标储备液各 1mL，用正己烷定容至 10mL，配制成 100mg/L 的混合标准储备液，置于 4℃冰箱中保存备用。

（2）取 100mg/L 储备溶液，60%乙醇溶液稀释成 0.5mg/L、1mg/L、2mg/L、5mg/L、10mg/L 工作液，以 DIBP、DBP、含量为横坐标，峰面积为纵坐标制作标准曲线。

2. 样品预处理

准确称取试样 1.0g（精确至 0.0001g）于 25mL 具塞磨口离心管中，加入 2～5mL 蒸馏水，涡旋混匀，再准确加入 10mL 正己烷，涡旋 1min，剧烈振摇 1min，超声提取 30min，1000r/min 离心 5min，取上清液，供 GC-MS 分析。

3. SPE 净化

依次加入 5mL 二氯甲烷、5mL 乙腈活化，弃去流出液；将待净化液加入 SPE 小柱，收集流出液；再加入 5mL 乙腈，收集流出液，合并两次收集的流出液，加入 1mL 丙酮，40℃氮吹至近干，正己烷准确定容至 2mL，涡旋混匀，供 GC-MS 分析。

4. 空白试验

除不加试样外，均按上述测定步骤进行。整个操作过程中，应避免接触塑料制品。

5. 仪器参考条件

Hp-5 毛细管色谱柱，柱长：30m，内径：0.25mm，膜厚：0.25μm 或性能相当者。

气相色谱条件：进样口温度：260℃。60℃，保持 1min，以 20℃/min 升温至 220℃，保持1min，再以 5℃/min 升温至 250℃，保持 1min；再以 20℃/min 升温至 290℃，保持 7.5min。高纯氦（纯度>99.999%）流速 1.0mL/min。不分流进样，进样量：1μL。

质谱条件：70eV，传输线温度 280℃，离子源温度：230℃，选择离子扫描（SIM），溶剂延迟：7min。

在该条件下，邻苯二甲酸二异丁酯（DIBP）的保留时间为 10.21，定性离子为 149，223，104，167，定量离子为 149；邻苯二甲酸二正丁酯（DBP）的保留时间为 10.93，定性离子为 149，223，205，104，定量离子为 149。

在该仪器条件下，试样待测液和邻苯二甲酸酯标准品的目标化合物在相同保留时间处（±0.5%）出现，并且对应质谱碎片离子的质荷比与标准品的质谱图一致，其丰度比与标准品相比，当相对丰度>50%时，相对离子误差不超过 10%；当 20%<相对丰度≤50%时，相对离子误差不超过 15%；当 10%<相对丰度≤20%时，相对离子误差不超过 25%；当相对丰度≤10%时，相对离子误差不超过 50%。

6. 结果计算

$$X=\rho\times\frac{V}{m}\times\frac{1000}{1000} \tag{3-31}$$

式中　X——试样中邻苯二甲酸酯的含量，mg/kg

ρ——从标准工作曲线上查出的试样溶液中邻苯二甲酸酯的质量浓度，μg/mL

V——试样定容体积，mL

m——试样的质量，g

1000——换算系数

计算结果应扣除空白值。结果大于等于 1.0mg/kg 时，保留三位有效数字，结果小于 1.0mg/kg 时，保留两位有效数字。

五、思考题

1. 比较外标法与内标法的差异。
2. 如果要检测固体样品中的塑化剂含量，预处理如何处理？

附录1　常用培养基

1. 牛肉膏蛋白胨培养基（用于细菌培养）

牛肉膏3g，蛋白胨10g，NaCl 5g，水1000mL，pH7.4~7.6。

2. 高氏1号培养基（用于放线菌培养）

可溶性淀粉20g，KNO_3 1g，NaCl 0.5g，$K_2HPO_4 \cdot 3H_2O$ 0.5g，$MgSO_4 \cdot 7H_2O$ 0.5g，$FeSO_4 \cdot 7H_2O$ 0.01g，水1000mL，pH7.4~7.6。配制时注意：可溶性淀粉要先用冷水调匀后再加入以上培养基中。

3. 马丁氏（Martin）培养基（用于从土壤中分离真菌）

K_2HPO_4 1g，$MgSO_4 \cdot 7H_2O$ 0.5g，蛋白胨5g，葡萄糖10g，1/3000孟加拉红水溶液100mL，水900mL，自然pH，121℃湿热灭菌30min。待培养基融化后冷却55~60℃时加入链霉素（链霉素含量为30μg/mL）。

4. 马铃薯培养基（PDA）（用于霉菌或酵母菌培养）

马铃薯（去皮）200g，蔗糖（或葡萄糖）20g，水1000mL，配制方法如下：将马铃薯去皮，切成约$2cm^3$的小块，放入1500mL的烧杯中煮沸30min，注意用玻棒搅拌以防底糊，然后用双层纱布过滤，取其滤液加糖，再补足至1000mL，自然pH，霉菌用蔗糖，酵母菌用葡萄糖。

5. 察氏培养基（蔗糖硝酸钠培养基）（用于霉菌培养）

蔗糖30g，$NaNO_3$ 2g，K_2HPO_4 1g，$MgSO_4 \cdot 7H_2O$ 0.5g，KCl 0.5g，$FeSO_4 \cdot 7H_2O$ 0.1g，水1000mL，pH7.0~7.2。

6. YPD培养基（酵母培养基）

酵母粉10g，蛋白胨20g，葡萄糖20g，蒸馏水1000mL，pH6.0，115℃湿热灭菌20min。

7. YNB基本培养基（酵母培养基）

0.67%酵母氮碱基（YNB，不含氨基酸，Difco），2%葡萄糖，3%琼脂，pH6.2。

另一配方为：

葡萄糖10g，$(NH_4)_2SO_4$ 1g，K_2HPO_4 0.125g，$KHPO_4$ 0.875g，KI 0.0001g，$MgSO_4 \cdot 7H_2O$ 0.5g，$CaCl_2 \cdot 2H_2O$ 0.1g，NaCl 0.1g，微量元素母液1mL，维生素母液1mL（母液均按常规配制），水1000mL，pH5.8~6.0。

8. WL琼脂培养基（用于酵母菌培养）

酵母浸粉0.5%，胰蛋白胨0.5%，葡萄糖5%，琼脂2%，磷酸二氢钾0.055%，氯化钾0.0425%，氯化钙0.0125%，氯化铁0.00025%，硫酸镁0.0125%，硫酸锰0.00025%，溴甲酚绿0.0022%，pH 6.5，121℃灭菌20min。

9. ISP2培养基（用于放线菌发酵）

酵母浸粉4.0g/L，麦芽浸粉10.0g/L，葡萄糖4.0g/L，琼脂20.0g/L。

10. 麦氏（McCLary）培养基（醋酸钠培养基）

葡萄糖 0. 1g，KCl 0. 18g，酵母膏 0. 25g，醋酸钠 0. 82g，琼脂 1. 5g，蒸馏水 100mL。溶解后分装试管，115℃灭菌 15min。

11. 葡萄糖蛋白胨水培养基（用于 V. P. 反应和甲基红试验）

蛋白胨 0. 5g，葡萄糖 0. 5g，K_2HPO_4 0. 2g，水 100mL，pH7. 2，115℃湿热灭菌 20min。

12. 蛋白胨水培养基（用于吲哚试验）

蛋白胨 10g，NaCl 5g，水 1000mL，pH7. 2~7. 4，121℃湿热灭菌 20min。

13. 糖发酵培养基（用于细菌糖发酵试验）

蛋白胨 0. 2g，NaCl 0. 5g，K_2HPO_4 0. 02g，水 100mL，溴麝香草酚蓝（1%水溶液）0. 3mL，糖类 1g。分别称取蛋白胨和 NaCl 溶于热水中，调 pH 至 7. 4，再加入溴麝香草酚蓝（先用少量 95%乙醇溶解后，再加水配成 1%水溶液），加入糖类，分装试管，装量 4~5cm 高，并倒放入一杜氏小管（管口向下，管内充满培养液）。115℃湿热灭菌 20min。灭菌时注意适当延长煮沸时间，尽量把冷空气排尽以使杜氏小管内不残存气泡。常用的糖类，如葡萄糖、蔗糖、甘露糖、麦芽糖、乳糖、半乳糖等（后两种糖的用量常加大至 1. 5%）。

14. BCG 牛乳培养基（用于乳酸发酵）

A 溶液：脱脂乳粉 100g，水 500mL，加入 1. 6%溴甲酚绿（B. C. G）乙醇溶液 1mL，80℃灭菌 20min。

B 溶液：酵母膏 10g，水 500mL，琼脂 20g，pH6. 8，121℃湿热灭菌 20min。以无菌操作趁热将 A、B 溶液混合均匀后倒平板。

15. 乳酸菌培养基（用于乳酸发酵）

牛肉膏 5g，酵母膏 5g，蛋白胨 10g，葡萄糖 10g，乳糖 5g，NaCl 5g，水 1000mL，pH6. 8，121℃湿热灭菌 20min。

16. MRS 培养基（乳酸菌）

蛋白胨 10. 0g，牛肉膏 10. 0g，酵母膏 5. 0g，柠檬酸氢二铵 2. 0g，葡萄糖 20. 0g，吐温 80 1. 0mL，乙酸钠 5. 0g，磷酸氢二钾 2. 0g，硫酸镁 0. 58g，硫酸锰 0. 25g，琼脂 18. 0g，蒸馏水 1000mL，pH6. 2~6. 6。

17. 酒精发酵培养基（用于酒精发酵）

蔗糖 10g，$MgSO_4 \cdot 7H_2O$ 0. 5g，$NH_4NO_3$0. 5g，20%豆芽汁 2mL，KH_2PO_4 0. 5g，水 100mL，自然 pH。

18. 豆芽汁培养基

黄豆芽 500g，加水 1000mL，煮沸 1h，过滤后补足水分，121℃湿热灭菌后存放备用，此即为 50%的豆芽汁。

用于细菌培养：10%豆芽汁 200mL，葡萄糖（或蔗糖）50g，水 800mL，pH7. 2~7. 4。

用于霉菌或酵母菌培养：10%豆芽汁 200mL，糖 50g，水 800mL，自然 pH。霉菌用蔗糖，酵母菌用葡萄糖。

19. LB（Luria—Bertani）培养基（细菌培养，常在分子生物学中应用）

双蒸馏水 950mL，胰蛋白胨 10g，NaCl 10g，酵母提取物 5g，用 1mol/L NaOH（约 1mL）

调节 pH 至 7.0，加双蒸馏水至总体积为 1L，121℃湿热灭菌 30min。

含氨苄青霉素 LB 培养基：待 LB 培养基灭菌后冷至 50℃左右加入抗生素，至终浓度为 80~100mg/L。

20. 复红亚硫酸钠培养基（远藤氏培养基，用于水体中大肠菌群测定）

蛋白胨 10g，牛肉浸膏 5g，酵母浸膏 5g，琼脂 20g，乳糖 10g，K_2HPO_4 0.5g，无水亚硫酸钠 5g，5%碱性复红乙醇溶液 20mL，蒸馏水 1000mL。

制作过程：

先将蛋白胨、牛肉浸膏、酵母浸膏和琼脂加入 900mL 水中，加热溶解，再加入 K_2HPO_4，溶解后补充水至 1000mL，调 pH 至 7.2~7.4。随后加入乳糖，混匀溶解后，于 115℃湿热灭菌 20min。再称取亚硫酸钠至一无菌空试管中，用少许无菌水使其溶解，在水浴中煮沸 10min 后，立即滴加于 20mL 5%碱性复红乙醇溶液中，直至深红色转变为淡粉红色为止。将此混合液全部加入上述已灭菌的并仍保持融化状态的培养基中，混匀后立即倒平板，待凝固后存放冰箱备用，若颜色由淡红变为深红，则不能再用。

21. 乳糖蛋白胨半固体培养基（用于水体中大肠菌群测定）

蛋白胨 10g，牛肉浸膏 5g，酵母膏 5g，乳糖 10g，琼脂 5g，蒸馏水 1000mL，pH7.2~7.4，分装试管（10mL/管），115℃湿热灭菌 20min。

22. 乳糖蛋白胨培养液（用于多管发酵法检测水体中大肠菌群）

蛋白胨 10g，牛肉膏 3g，乳糖 5g，NaCl 5g，蒸馏水 1000mL，1.6%溴甲酚紫乙醇溶液 1mL。调 pH 至 7.2，分装试管（10mL/管），并放入倒置杜氏小管，115℃湿热灭菌 20min。

23. 三倍浓乳糖蛋白胨培养液（用于水体中大肠菌群测定）

将乳糖蛋白胨培养液中各营养成分以扩大 3 倍加入 1000mL 水中，制法同上，分装于放有倒置杜氏小管的试管中，每管 5mL，115℃湿热灭菌 20min。

24. 伊红美蓝培养基（EMB 培养基）（用于水体中大肠菌群测定和细菌转导）

蛋白胨 10g，乳糖 10g，K_2HPO_4 2g，琼脂 25g，2%伊红 Y（曙红）水溶液 20mL，0.5%美蓝（亚甲蓝）水溶液 13mL，pH7.4。

制作过程：先将蛋白胨、乳糖、K_2HPO_4 和琼脂混匀，加热溶解后，调 pH 至 7.4，115℃湿热灭菌 20min，然后加入已分别灭菌的伊红液和美蓝液，充分混匀，防止产生气泡。待培养基冷却到 50℃左右倒平皿。如培养基太热会产生过多的凝集水，可在平板凝固后倒置存于冰箱备用。在细菌转导实验中用半乳糖代替乳糖，其余成分不变。

25. 豆饼斜面培养基（用于产蛋白酶霉菌菌株筛选）

豆饼 100g 加水 5~6 倍，煮出滤汁 100mL，汁内加入 KH_2PO_4 0.1%，$MgSO_4$ 0.05%，$(NH_4)_2SO_4$ 0.05%，可溶性淀粉 2%，pH6，琼脂 2%~2.5%。

26. 酪素培养基（用于蛋白酶菌株筛选）

分别配制 A 液和 B 液。

A 液：称取 $Na_2HPO_4 \cdot 7H_2O$ 1.07g。干酪素 4g，加适量蒸馏水，并加热溶解。

B 液：称取 KH_2PO_4 0.36g，加水溶解。A、B 液混合后，加入酪素水解液 0.3mL，加琼脂 20g，最后用蒸馏水定容至 1000mL。

酪素水解液的配制：1g 酪蛋白溶于碱性缓冲液中，加入 1%的枯草芽孢杆菌蛋白酶 25mL 加水至 100mL，30℃水解 1h。用于配制培养基时，其用量为 1000mL，培养基中加入 100mL 以上水解液。

27. 细菌基本培养基（用于筛选营养缺陷型）

$Na_2HPO_4 \cdot 7H_2O$ 1g，$MgSO_4 \cdot 7H_2O$ 0.2g，葡萄糖 5g，NaCl 5g，$K_2HPO_4$1 g，水 1000mL，pH7.0，115℃湿热灭菌 30min。

28. Baird-Parker（BP）培养基（金黄色葡萄球菌的鉴别培养基）

胰蛋白胨 10g，牛肉膏粉 5g，酵母膏粉 1g，丙酮酸钠 10g，甘氨酸 12g，氯化锂 5g，琼脂 15g，最终 pH7.0±0.2，在使用时添加亚碲酸钾卵黄增菌剂。

29. RCM 培养基（强化梭菌培养基）、（用于厌氧菌培养）

酵母膏 3g，牛肉膏 10g，蛋白胨 10g，可溶性淀粉 1g，葡萄糖 5g，半胱氨酸盐酸盐 0.5g，NaCl 3g，NaAc 3g，水 1000mL，pH8.5，刃天青 3mg/L，121℃湿热灭菌 30min。

30. $CaCO_3$ 明胶麦芽汁培养基（用于厌氧菌培养）

麦芽汁（6°Bé）1000mL，水 1000mL，$CaCO_3$ 10g，明胶 10g，pH6.8，121℃湿热灭菌 30min。

31. 酚红半固体柱状培养基（用于检查氧与菌生长的关系）

蛋白胨 1g，葡萄糖 10g，玉米浆 10g，琼脂 7g，水 1000mL，pH7.2。在调好 pH 后，加入 1.6%酚红溶液数滴，至培养基变为深红色，分装于大试管中，装量约为试管高度的 1/2，115℃灭菌 20min。细菌在此培养基中利用葡萄糖生长产酸，使酚红从红色变成黄色，在不同部位生长的细菌，可使培养基的相应部位颜色改变，但注意培养时间太长，酸可扩散以致不能正确判断结果。

以上各种培养基均可配制成固体或半固体状态，只需改变琼脂用量即可，前者为 1.5%~2.0%，后者为 0.3%~0.8%。

附录 2　常见霉菌及酵母菌落形态

1. 常见霉菌

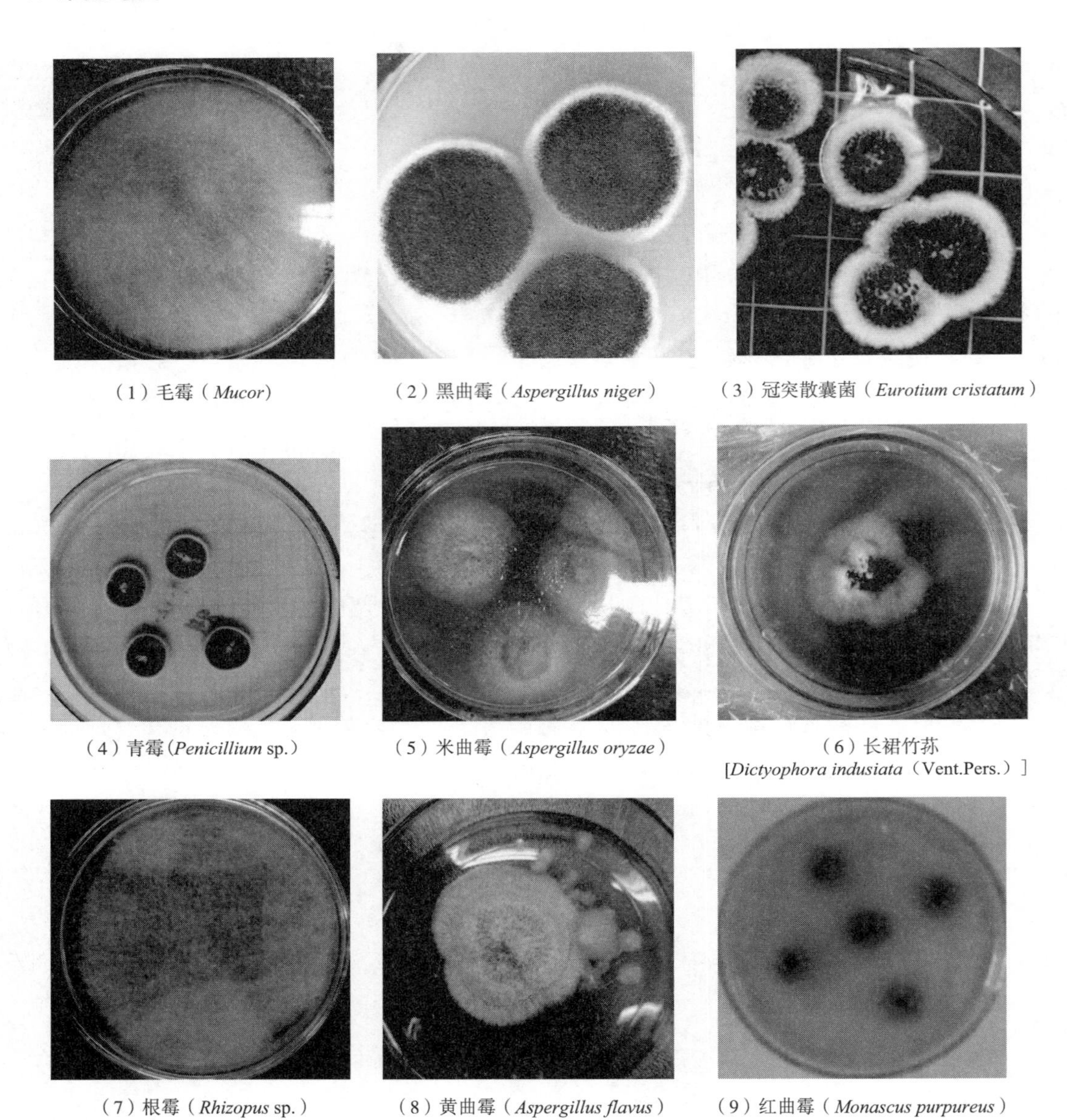

（1）毛霉（*Mucor*）　（2）黑曲霉（*Aspergillus niger*）　（3）冠突散囊菌（*Eurotium cristatum*）

（4）青霉(*Penicillium* sp.）　（5）米曲霉（*Aspergillus oryzae*）　（6）长裙竹荪 [*Dictyophora indusiata*（Vent.Pers.）]

（7）根霉（*Rhizopus* sp.）　（8）黄曲霉（*Aspergillus flavus*）　（9）红曲霉（*Monascus purpureus*）

2. 常见酵母

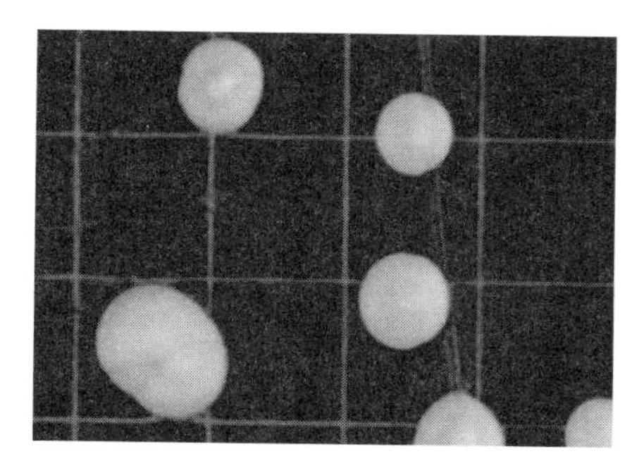

（1）哈萨克斯坦酵母（*Kazachstania humilis*）

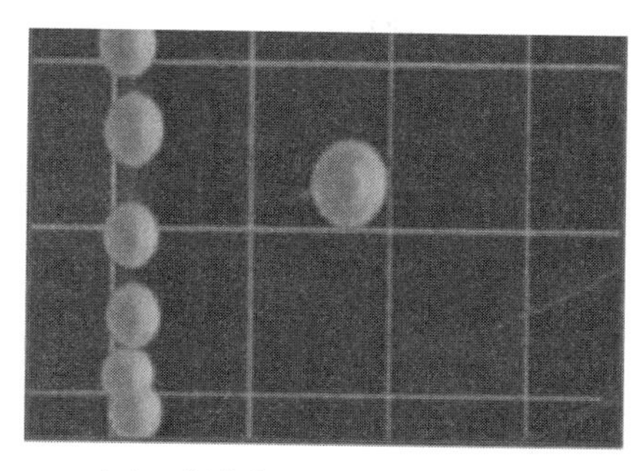

（2）巴斯德毕赤酵母（*Pichia pastoris*）

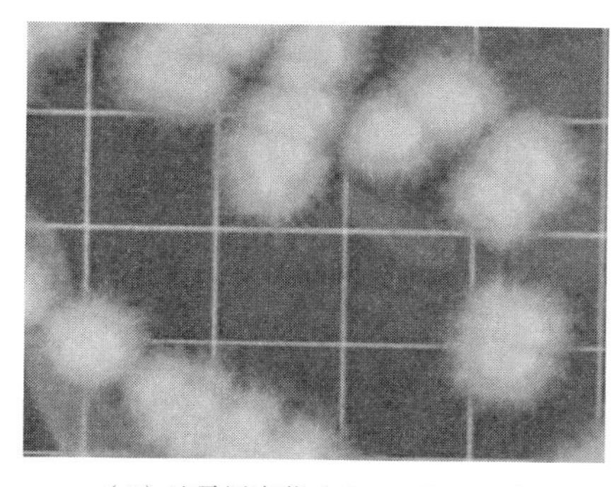

（3）地霉属真菌（*Geotrichum* sp.）

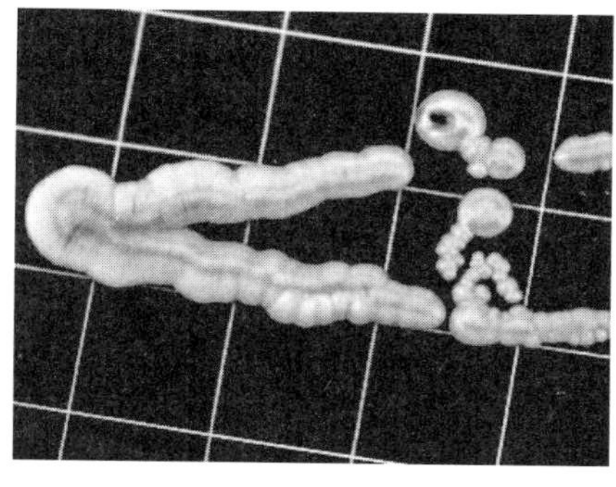

（4）酿酒酵母（*Saccharomyces cerevisiae*）

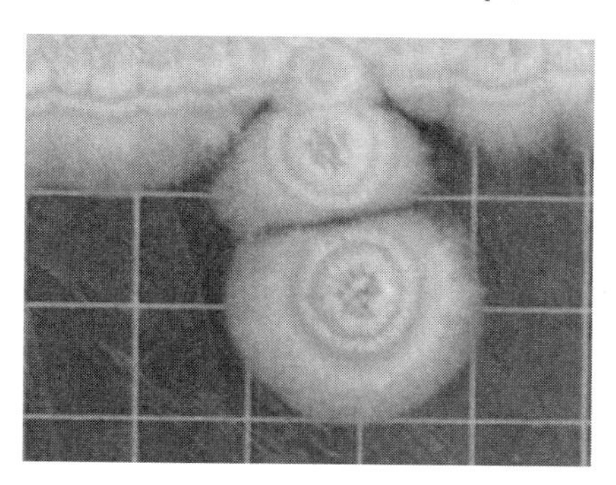

（5）库德里阿兹毕赤酵母（*Pichia kudriavzevii*）

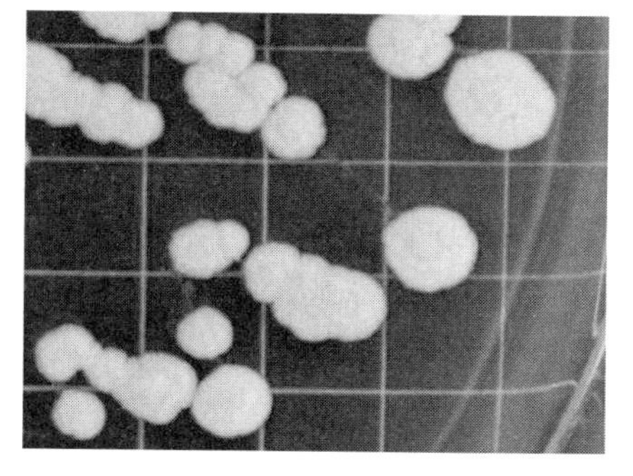

（6）异常毕赤酵母（*Pichia anomala*）

附录3 MPN表

阳性管数			MPN	95%可信限		阳性管数			MPN	95%可信限	
0.10	0.01	0.001		下限	上限	0.10	0.01	0.001		下限	上限
0	0	0	<3.0	—	9.5	2	2	0	21	4.5	42
0	0	1	3.0	0.15	9.6	2	2	1	28	8.7	94
0	1	0	3.0	0.15	11	2	2	2	35	8.7	94
0	1	1	6.1	1.2	18	2	3	0	29	8.7	94
0	2	0	6.2	1.2	18	2	3	1	36	8.7	94
0	3	0	9.4	3.6	38	3	0	0	23	4.6	94
1	0	0	3.6	0.17	18	3	0	1	38	8.7	110
1	0	1	7.2	1.3	18	3	0	2	64	17	180
1	0	2	11	3.6	38	3	1	0	43	9	180
1	1	0	7.4	1.3	20	3	1	1	75	17	200
1	1	1	11	3.6	38	3	1	2	120	37	420
1	2	0	11	3.6	42	3	1	3	160	40	420
1	2	1	15	4.5	42	3	2	0	93	18	420
1	3	0	16	4.5	42	3	2	1	150	37	420
2	0	0	9.2	1.4	38	3	2	2	210	40	430
2	0	1	14	3.6	42	3	2	3	290	90	1000
2	0	2	20	4.5	42	3	3	0	240	42	1000
2	1	0	15	3.7	42	3	3	1	460	90	2000
2	1	1	20	4.5	42	3	3	2	1100	180	4100
2	1	2	27	8.7	94	3	3	3	>1100	420	—

注：(1) 本表采用3个稀释度［0.1g (mL)、0.01g (mL)、0.001g (mL)］，每个稀释度接种3管。

(2) 表内所列检样量如改用1g (mL)、0.1g (mL) 和0.01g (mL) 时，表内数字应相应降低10倍；如改用0.01g (mL)、0.001g (mL) 和0.0001g (mL) 时，则表内数字应相应增高10倍，其余类推。

附录4 氧化亚铜质量相当于葡萄糖、果糖、乳糖、转化糖的质量表

氧化亚铜	葡萄糖	果糖	乳糖（含水）	转化糖	氧化亚铜	葡萄糖	果糖	乳糖（含水）	转化糖
11.3	4.6	5.1	7.7	5.2	78.8	34.0	37.4	53.6	35.8
12.4	5.1	5.6	8.5	5.7	79.9	34.5	37.9	54.4	36.3
13.5	5.6	6.1	9.3	6.2	81.1	35.0	38.5	55.2	36.8
14.6	6.0	6.7	10.0	6.7	82.2	35.5	39.0	55.9	37.4
15.8	6.5	7.2	10.8	7.2	83.3	36.0	39.6	56.7	37.9
16.9	7.0	7.7	11.5	7.7	84.4	36.5	40.1	57.5	38.4
18.0	7.5	8.3	12.3	8.2	85.6	37.0	40.7	58.2	38.9
19.1	8.0	8.8	13.1	8.7	86.7	37.5	41.2	59.0	39.4
20.3	8.5	9.3	13.8	9.2	87.8	38.0	41.7	59.8	40.0
21.4	8.9	9.9	14.6	9.7	88.9	38.5	42.3	60.5	40.5
22.5	9.4	10.4	15.4	10.2	90.1	39.0	42.8	61.3	41.0
23.6	9.9	10.9	16.1	10.7	91.2	39.5	43.4	62.1	41.5
24.8	10.4	11.5	16.9	11.2	92.3	40.0	43.9	62.8	42.0
25.9	10.9	12.0	17.7	11.7	93.4	40.5	44.5	63.6	42.6
27.0	11.4	12.5	18.4	12.3	94.6	41.0	45.0	64.4	43.1
28.1	11.9	13.1	19.2	12.8	95.7	41.5	45.6	65.1	43.6
29.3	12.3	13.6	19.9	13.3	96.8	42.0	46.1	65.9	44.1
30.4	12.8	14.2	20.7	13.8	97.9	42.5	46.7	66.7	44.7
31.5	13.3	14.7	21.5	14.3	99.1	43.0	47.2	67.4	45.2
32.6	13.8	15.2	22.2	14.8	100.2	43.5	47.8	68.2	45.7
33.8	14.3	15.8	23.0	15.3	101.3	44.0	48.3	69.0	46.2
34.9	14.8	16.3	23.8	15.8	102.5	44.5	48.9	69.7	46.7
36.0	15.3	16.8	24.5	16.3	103.6	45.0	49.4	70.5	47.3
37.2	15.7	17.4	25.3	16.8	104.7	45.5	50.0	71.3	47.8
38.3	16.2	17.9	26.1	17.3	105.8	46.0	50.5	72.1	48.3
39.4	16.7	18.4	26.8	17.8	107.0	46.5	51.1	72.8	48.8
40.5	17.2	19.0	27.6	18.3	108.1	47.0	51.6	73.6	49.4
41.7	17.7	19.5	28.4	18.9	109.2	47.5	52.2	74.4	49.9
42.8	18.2	20.1	29.1	19.4	110.3	48.0	52.7	75.1	50.4

续表

氧化亚铜	葡萄糖	果糖	乳糖（含水）	转化糖	氧化亚铜	葡萄糖	果糖	乳糖（含水）	转化糖
43.9	18.7	20.6	29.9	19.9	111.5	48.5	53.3	75.9	50.9
45.0	19.2	21.1	30.6	20.4	112.6	49.0	53.8	76.7	51.5
46.2	19.7	21.7	31.4	20.9	113.7	49.5	54.4	77.4	52.0
47.3	20.1	22.2	32.2	21.4	114.8	50.0	54.9	78.2	52.5
48.4	20.6	22.8	32.9	21.9	116.0	50.6	55.5	79.0	53.0
49.5	21.1	23.3	33.7	22.4	117.1	51.1	56.0	79.7	53.6
50.7	21.6	23.8	34.5	22.9	118.2	51.6	56.6	80.5	54.1
51.8	22.1	24.4	35.2	23.5	119.3	52.1	57.1	81.3	54.6
52.9	22.6	24.9	36.0	24.0	120.5	52.6	57.7	82.1	55.2
54.0	23.1	25.4	36.8	24.5	121.6	53.1	58.2	82.8	55.7
55.2	23.6	26.0	37.5	25.0	122.7	53.6	58.8	83.6	56.2
56.3	24.1	26.5	38.3	25.5	123.8	54.1	59.3	84.4	56.7
57.4	24.6	27.1	39.1	26.0	125.0	54.6	59.9	85.1	57.3
58.5	25.1	27.6	39.8	26.5	126.1	55.1	60.4	85.9	57.8
59.7	25.6	28.2	40.6	27.0	127.2	55.6	61.0	86.7	58.3
60.8	26.1	28.7	41.4	27.6	128.3	56.1	61.6	87.4	58.9
61.9	26.5	29.2	42.1	28.1	129.5	56.7	62.1	88.2	59.4
63.0	27.0	29.8	42.9	28.6	130.6	57.2	62.7	89.0	59.9
64.2	27.5	30.3	43.7	29.1	131.7	57.7	63.2	89.8	60.4
65.3	28.0	30.9	44.4	29.6	132.8	58.2	63.8	90.5	61.0
66.4	28.5	31.4	45.2	30.1	134.0	58.7	64.3	91.3	61.5
67.6	29.0	31.9	46.0	30.6	135.1	59.2	64.9	92.1	62.0
68.7	29.5	32.5	46.7	31.2	136.2	59.7	65.4	92.8	62.6
69.8	30.0	33.0	47.5	31.7	137.4	60.2	66.0	93.6	63.1
70.9	30.5	33.6	48.3	32.2	138.5	60.7	66.5	94.4	63.6
72.1	31.0	34.1	49.0	32.7	139.6	61.3	67.1	95.2	64.2
73.2	31.5	34.7	49.8	33.2	140.7	61.8	67.7	95.9	64.7
74.3	32.0	35.2	50.6	33.7	141.9	62.3	68.2	96.7	65.2
75.4	32.5	35.8	51.3	34.3	143.0	62.8	68.8	97.5	65.8
76.6	33.0	36.3	52.1	34.8	144.1	63.3	69.3	98.2	66.3
77.7	33.5	36.8	52.9	35.3	145.2	63.8	69.9	99.0	66.8

续表

氧化亚铜	葡萄糖	果糖	乳糖（含水）	转化糖	氧化亚铜	葡萄糖	果糖	乳糖（含水）	转化糖
146.4	64.3	70.4	99.8	67.4	213.9	95.7	104.3	146.2	99.9
147.5	64.9	71.0	100.6	67.9	215.0	96.3	104.8	147.0	100.4
148.6	65.4	71.6	101.3	68.4	216.2	96.8	105.4	147.7	101.0
149.7	65.9	72.1	102.1	69.0	217.3	97.3	106.0	148.5	101.5
150.9	66.4	72.7	102.9	69.5	218.4	97.9	106.6	149.3	102.1
152.0	66.9	73.2	103.6	70.0	219.5	98.4	107.1	150.1	102.6
153.1	67.4	73.8	104.4	70.6	220.7	98.9	107.7	150.8	103.2
154.2	68.0	74.3	105.2	71.1	221.8	99.5	108.3	151.6	103.7
155.4	68.5	74.9	106.0	71.6	222.9	100.0	108.8	152.4	104.3
156.5	69.0	75.5	106.7	72.2	224.0	100.5	109.4	153.2	104.8
157.6	69.5	76.0	107.5	72.7	225.2	101.1	110.0	153.9	105.4
158.7	70.0	76.6	108.3	73.2	226.3	101.6	110.6	154.7	106.0
159.9	70.5	77.1	109.0	73.8	227.4	102.2	111.1	155.5	106.5
161.0	71.1	77.7	109.8	74.3	228.5	102.7	111.7	156.3	107.1
162.1	71.6	78.3	110.6	74.9	229.7	103.2	112.3	157.0	107.6
163.2	72.1	78.8	111.4	75.4	230.8	103.8	112.9	157.8	108.2
164.4	72.6	79.4	112.1	75.9	231.9	104.3	113.4	158	108.7
165.5	73.1	80.0	112.9	76.5	233.1	104.8	114.0	159.4	109.3
166.6	73.7	80.5	113.7	77.0	234.2	105.4	114.6	160.2	109.8
167.8	74.2	81.1	114.4	77.6	235.3	105.9	115.2	160.9	110.4
168.9	74.7	81.6	115.2	78.1	236.4	106.5	115.7	161.7	110.9
170.0	75.2	82.2	116.0	78.6	237.6	107.0	116.3	162.5	111.5
171.1	75.7	82.8	116.8	79.2	238.7	107.5	116.9	163.3	112.1
172.3	76.3	83.3	117.5	79.7	239.8	108.1	117.5	164.0	112.6
173.4	76.8	83.9	118.3	80.3	240.9	108.6	118.0	164.8	113.2
174.5	77.3	84.4	119.1	80.8	242.1	109.2	118.6	165.6	113.7
175.6	77.8	85.0	119.9	81.3	243.1	109.7	119.2	166.4	114.3
176.8	78.3	85.6	120.6	81.9	244.3	110.2	119.8	167.1	114.9
177.9	78.9	86.1	121.4	82.4	245.4	110.8	120.3	167.9	115.4
179.0	79.4	86.7	122.2	83.0	246.6	111.3	120.9	168.7	116.0
180.1	79.9	87.3	122.9	83.5	247.7	111.9	121.5	169.5	116.5

续表

氧化亚铜	葡萄糖	果糖	乳糖（含水）	转化糖	氧化亚铜	葡萄糖	果糖	乳糖（含水）	转化糖
181.3	80.4	87.8	123.7	84.0	248.8	112.4	122.1	170.3	117.1
182.4	81.0	88.4	124.5	84.6	249.9	112.9	122.6	171.0	117.6
183.5	81.5	89.0	125.3	85.1	251.1	113.5	123.2	171.8	118.2
184.5	82.0	89.5	126.0	85.7	252.2	114.0	123.8	172.6	118.8
185.8	82.5	90.1	126.8	86.2	253.3	114.6	124.4	173.4	119.3
186.9	83.1	90.6	127.6	86.8	254.4	115.1	125.0	174.2	119.9
188.0	83.6	91.2	128.4	87.3	255.6	115.7	125.5	174.9	120.4
189.1	84.1	91.8	129.1	87.8	256.7	116.2	126.1	175.7	121.0
190.3	84.6	92.3	129.9	88.4	257.8	116.7	126.7	176.5	121.6
191.4	85.2	92.9	130.7	88.9	258.9	117.3	127.3	177.3	122.1
192.5	85.7	93.5	131.5	89.5	260.1	117.8	127.9	178.1	122.7
193.6	86.2	94.0	132.2	90.0	261.2	118.4	128.4	178.8	123.3
194.8	86.7	94.6	133.0	90.6	262.3	118.9	129.0	179.6	123.8
195.9	87.3	95.2	133.8	91.1	263.4	119.5	129.6	180.4	124.4
197.0	87.8	95.7	134.6	91.7	264.6	120.0	130.2	181.2	124.9
198.1	88.3	96.3	135.3	92.2	265.7	120.6	130.8	181.9	125.5
199.3	88.9	96.9	136.1	92.8	266.8	121.1	131.3	182.7	126.1
200.4	89.4	97.4	136.9	93.3	268.0	121.7	131.9	183.5	126.6
201.5	89.9	98.0	137.7	93.8	269.1	122.2	132.5	184.3	127.2
202.7	90.4	98.6	138.4	94.4	270.2	122.7	133.1	185.1	127.8
203.8	91.0	99.2	139.2	94.9	271.3	123.3	133.7	185.8	128.3
204.9	91.5	99.7	140.0	95.5	272.5	123.8	134.2	186.6	128.9
206.0	92.0	100.3	140.8	96.0	273.6	124.4	134.8	187.4	129.5
207.2	92.6	100.9	141.5	96.6	274.7	124.9	135.4	188.2	130.0
208.3	93.1	101.4	142.3	97.1	275.8	125.5	136.0	189.0	130.6
209.4	93.6	102.0	143.1	97.7	277.0	126.0	136.6	189.7	131.2
210.5	94.2	102.6	143.9	98.2	278.1	126.6	137.2	190.5	131.7
211.7	94.7	103.1	144.6	98.8	279.2	127.1	137.7	191.3	132.3
212.8	95.2	103.7	145.4	99.3	280.3	127.7	138.3	192.1	132.9

续表

氧化亚铜	葡萄糖	果糖	乳糖（含水）	转化糖	氧化亚铜	葡萄糖	果糖	乳糖（含水）	转化糖
281.5	128.2	138.9	192.9	133.4	349.0	161.9	174.4	239.8	168.0
282.6	128.8	139.5	193.6	134.0	350.1	162.5	175.0	240.6	168.6
283.7	129.3	140.1	194.4	134.6	351.3	163.0	175.6	241.4	169.2
284.8	129.9	140.7	195.2	135.1	352.4	163.6	176.2	242.2	169.8
286.0	130.4	141.3	196.0	135.7	353.5	164.2	176.8	243.0	170.4
287.1	131.0	141.8	196.8	136.3	354.6	164.7	177.4	243.7	171.0
288.2	131.6	142.4	197.5	136.8	355.8	165.3	178.0	244.5	171.6
289.3	132.1	143.0	198.3	137.4	356.9	165.9	178.6	245.3	172.2
290.5	132.7	143.6	199.1	138.0	358.0	166.5	179.2	246.1	172.8
291.6	133.2	144.2	199.9	138.6	359.1	167.0	179.8	246.9	173.3
292.7	133.8	144.8	200.7	139.1	360.3	167.6	180.4	247.7	173.9
293.8	134.3	145.4	201.4	139.7	361.4	168.2	181.0	248.5	174.5
295.0	134.9	145.9	202.2	140.3	362.5	168.8	181.6	249.2	175.1
296.1	135.4	146.5	203.0	140.8	363.6	169.3	182.2	250.0	175.7
297.2	136.0	147.1	203.8	141.4	364.8	169.9	182.8	250.8	176.3
298.3	136.5	147.7	204.6	142.0	365.9	170.5	183.4	251.6	176.9
299.5	137.1	148.3	205.3	142.6	367.0	171.1	184.0	252.4	177.5
300.6	137.7	148.9	206.1	143.1	368.2	171.6	184.6	253.2	178.1
301.7	138.2	149.5	206.9	143.7	369.3	172.2	185.2	253.9	178.7
302.9	138.8	150.1	207.7	144.3	370.4	172.8	185.8	254.7	179.2
304.0	139.3	150.6	208.5	144.8	371.5	173.4	186.4	255.5	179.8
305.1	139.9	151.2	209.2	145.4	372.7	173.9	187.0	256.3	180.4
306.2	140.4	151.8	210.0	146.0	373.8	174.5	187.6	257.1	181.0
307.4	141.0	152.4	210.8	146.6	374.9	175.1	188.2	257.9	181.6
308.5	141.6	153.0	211.6	147.1	376.0	175.7	188.8	258.7	182.2
309.6	142.1	153.6	212.4	147.7	377.2	176.3	189.4	259.4	182.8
310.7	142.7	154.2	213.2	148.3	378.3	176.8	190.1	260.2	183.4
311.9	143.2	154.8	214.0	148.9	379.4	177.4	190.7	261.0	184.0
313.0	143.8	155.4	214.7	149.4	380.5	178.0	191.3	261.8	184.6
314.1	144.4	156.0	215.5	150.0	381.7	178.6	191.9	262.6	185.2
315.2	144.9	156.5	216.3	150.6	382.8	179.2	192.5	263.4	185.8

续表

氧化亚铜	葡萄糖	果糖	乳糖（含水）	转化糖	氧化亚铜	葡萄糖	果糖	乳糖（含水）	转化糖
316. 4	145. 5	157. 1	217. 1	151. 2	383. 9	179. 7	193. 1	264. 2	186. 4
317. 5	146. 0	157. 7	217. 9	151. 8	385. 0	180. 3	193. 7	265. 0	187. 0
318. 6	146. 6	158. 3	218. 7	152. 3	386. 2	180. 9	194. 3	265. 8	187. 6
319. 7	147. 2	158. 9	219. 4	152. 9	387. 3	181. 5	194. 9	266. 6	188. 2
320. 9	147. 7	159. 5	220. 2	153. 5	388. 4	182. 1	195. 5	267. 4	188. 8
322. 0	148. 3	160. 1	221. 0	154. 1	389. 5	182. 7	196. 1	268. 1	189. 4
323. 1	148. 8	160. 7	221. 8	154. 6	390. 7	183. 2	196. 7	268. 9	190. 0
324. 2	149. 4	161. 3	222. 6	155. 2	391. 8	183. 8	197. 3	269. 7	190. 6
325. 4	150. 0	161. 9	223. 3	155. 8	392. 9	184. 4	197. 9	270. 5	191. 2
326. 5	150. 5	162. 5	224. 1	156. 4	394. 0	185. 0	198. 5	271. 3	191. 8
327. 6	151. 1	163. 1	224. 9	157. 0	395. 2	185. 6	199. 2	272. 1	192. 4
328. 7	151. 7	163. 7	225. 7	157. 5	396. 3	186. 2	199. 8	272. 9	193. 0
329. 9	152. 2	164. 3	226. 5	158. 1	397. 4	186. 8	200. 4	273. 7	193. 6
331. 0	152. 8	164. 9	227. 3	158. 7	398. 5	187. 3	201. 0	274. 4	194. 2
332. 1	153. 4	165. 4	228. 0	159. 3	399. 7	187. 9	201. 6	275. 2	194. 8
333. 3	153. 9	166. 0	228. 8	159. 9	400. 8	188. 5	202. 2	276. 0	195. 4
334. 4	154. 5	166. 6	229. 6	160. 5	401. 9	189. 1	202. 8	276. 8	196. 0
335. 5	155. 1	167. 2	230. 4	161. 0	403. 1	189. 7	203. 4	277. 6	196. 6
336. 6	155. 6	167. 8	231. 2	161. 6	404. 2	190. 3	204. 0	278. 4	197. 2
337. 8	156. 2	168. 4	232. 0	162. 2	405. 3	190. 9	204. 7	279. 2	197. 8
338. 9	156. 8	169. 0	232. 7	162. 8	406. 4	191. 5	205. 3	280. 0	198. 4
340. 0	157. 3	169. 6	233. 5	163. 4	407. 6	192. 0	205. 9	280. 8	199. 0
341. 1	157. 9	170. 2	234. 3	164. 0	408. 7	192. 6	206. 5	281. 6	199. 6
342. 3	158. 5	170. 8	235. 1	164. 5	409. 8	193. 2	207. 1	282. 4	200. 2
343. 4	159. 0	171. 4	235. 9	165. 1	410. 9	193. 8	207. 7	283. 2	200. 8
344. 5	159. 6	172. 0	236. 7	165. 7	412. 1	194. 4	208. 3	284. 0	201. 4
345. 6	160. 2	172. 6	237. 4	166. 3	413. 2	195. 0	209. 0	284. 8	202. 0
346. 8	160. 7	173. 2	238. 2	166. 9	414. 3	195. 6	209. 6	285. 6	202. 6
347. 9	161. 3	173. 8	239. 0	167. 5	415. 4	196. 2	210. 2	286. 3	203. 2

附录 5　高效液相色谱仪简明操作流程

高效液相色谱的基本结构

1. 适用样品

样品溶液应无色透明；黏度 $0.2 \sim 50\times10^{-3}$Pa·s；190~600nm 有紫外线吸收（如配置紫外线检测器）。

2. 使用前准备和检查

（1）流动相经 0.22μm 滤膜过滤和超声波脱气。

（2）样品溶液经 0.22μm 滤膜过滤。

（3）检查排风系统、空调、UPS 电源是否打开。

（4）设备状态标识是否为绿色。

（5）废液瓶是否清空、管线是否连接。

3. 简明操作流程

（1）更换流动相　溶剂过滤头置于溶剂瓶底部。

（2）启动系统　打开计算机与显示器→打开仪器电源→双击软件图标进入操作界面。

（3）管路排气　打开管路，设置较高流速（一般 5mL/min），冲洗至管路内无气泡。

（4）平衡系统　打开文件，调用方法（根据需求调整），走基线至平稳（40~50min）。

（5）运行　编写运行序列，运行序列。

（6）处理数据　打开数据文件→设置积分事件→积分→绘制标准曲线→分析样品数据→打印报告。

（7）冲洗系统-以反相色谱柱为例　流速 1mL/min，水：甲醇（9：1），30min（流动相含缓冲盐时延长至 40min）；水：甲醇（1：9），40min；冲柱结束后将水相管路中的液体置换为甲醇。

（8）关机　将泵流速逐步降到 0mL/min，关闭工作站，关闭电脑，关闭电源，填写使用记录，取出进样瓶，清洁台面，盖防尘罩，倒空废液。

4. 注意事项

（1）严禁有色素或颜色较深的样品进样。

（2）水相流动相存储时间不超过 2d。

（3）及时填写各种使用记录；未经培训和管理员授权严禁擅自操作仪器。

（4）其他未尽事项，请参考仪器使用说明书，或咨询相关人员。

附录6　气相色谱仪简明操作流程

气相色谱

1. 开机

(1) 检查色谱柱选择是否恰当，接线是否正确。

(2) 打开载气钢瓶（氮气）控制阀（依次打开主阀门，分压阀），设置分压阀压力至蓝线处。

(3) 打开电源（有需要可同时打开顶空进样器），等待仪器自检完毕。打开计算机，在桌面双击软件图标，进入工作站。

(4) 调用方法后打开氢气、空气钢瓶主阀门及分压阀，分压阀压力至0.5MPa左右。

2. 调用或新建方法

可以直接调用已经编辑好的方法，通过编辑完整方法进行修改，也可以按照仪器说明书步骤直接建方法，方法建好后保存或另存为“方法名称+姓名+日期”。

3. 运行

(1) 编辑序列　注意选择适当的文件名称，并注释较详细的样品信息。

(2) 运行序列　运行中途可修改序列中尚未运行的样品。

4. 数据分析

(1) 积分　左键选择拖动可放大峰图，点击上面的积分图标可手动积分。可自动积分，也可自己编辑积分参数后积分，积分可点击即可保存积分。

(2) 校正　调用标样数据文件——新建校正表。

5. 关机

(1) 关闭氢气、空气钢瓶的主阀门及分压阀。

(2) 手动关闭进样口、检测器和柱箱温度，关机时三者温度需在80℃以下。

(3) 关闭气相色谱及顶空进样器电源。

(4) 关闭氮气钢瓶主阀门及分压阀，关闭风机或空调。

(5) 填写使用记录。

附录 7　气质联用色谱仪简明操作流程

质谱分析的基本原理

1. 开机

（1）打开载气钢瓶（He）控制阀，设置分压阀压力至 0.5MPa。

（2）打开计算机。

（3）打开风机开关、空调。

（4）打开色谱及质谱电源（若 MSD 真空腔内已无负压则应在打开 MSD 电源的同时，用手向右侧推真空腔的侧板，直至侧面板被吸牢），等待仪器自检完毕。

（5）在桌面双击软件图标，进入工作站。观察真空泵运行状态，状态显示压力应很快达到 100mToor 左右（≈13.33Pa），否则，说明系统有漏气，应进行漏气检查。

注意：提醒离子源和四级杆温度是否升温时，不要升温，以免污染离子源。

2. 调谐

调谐应在仪器至少开机 6h（分子涡轮泵至少 2h）且真空状态良好［<50mTorr（6.67Pa）］后方可进行，并先通过手动调谐检漏，单击调谐菜单，选择自动调谐进行自动调谐，调谐结果自动打印后，对照检查调谐报告，看是否满足要求。

3. 调用或新建方法

可以直接调用已经编辑好的方法，通过编辑修改，也可以新建方法。

所需设置的参数包括如下几项。

（1）模块配置　如色谱柱、注射器体积、检测器等。

（2）色谱参数　包括分流比（手动进样或顶空进样选择不分流模式）、进样量、进样口温度、流量（或流速）、升温程序等。

（3）传输线　设置传输线温度为最高柱温。

（4）质谱参数　设置扫描方式（全扫描 SCAN 或者选择离子监测 SIM）、扫描的分子质量范围、时间轴等。

其他参数详细设置方法见仪器旁参考手册，方法建好后保存或另存为“方法名称+姓名+日期”。

4. 运行

一个序列即是一个指令表。这些指令陈述使用什么样品、方法、数据文件名称以及运行的顺序。编辑序列时要注意输入充分的样品信息，以及使用合规、正确的数据文件名称。编辑完后可直接运行序列，中途亦可插入、删除或修改序列信息。

5. 数据分析

（1）定量分析　首先调用数据文件，进行本底扣除，查看峰纯度，并进行积分（修改积分参数），输出积分结果或百分比包括。

（2）定性分析　针对上述积分所得峰图，选择 NIST 谱库，检索，定性，记录其 CAS 编号及匹配度，填入定量分析中输出的积分结果表中。

注意：没有一个检索程式或一种经验能保证 100%的正确检索结果。很多因素会影响检索的质量，例如，采集未知样品与参考谱时的仪器种类是否相同；采集未知样品与参考谱时的实验条件是否相同；所扣除的背景选择。

影响检索的因素包括：适当的扫描范围，扫描阈值；在 GC 峰中的位置，尽量选择峰顶位置的谱图或选择平均谱图检索；混合物谱先扣除背景后再检索。

6. 关机

（1）在工作中软件中选择放空真空泵，时间约需 40min。

（2）气相色谱需要手动关闭进样口和柱箱温度，关机时温度需在 80℃以下。

（3）关闭气相色谱及质谱电源。

（4）关闭电脑，关闭载气各阀门，关闭风机或空调。

（5）填写使用记录。

参考文献

[1] 朱圣庚，徐长法．生物化学（第4版）（上册）[M]．北京：高等教育出版社，2017.

[2] 李俊，张冬梅，陈钧辉．生物化学实验（第六版）[M]．北京：科学出版社，2020.

[3] 兰州大学．有机化学实验（第四版）[M]．北京：高等教育出版社，2017.

[4] 韩召奋．蛋白质分离纯化实验技术 [M]．北京：中国林业出版社，2021.

[5] 徐静，梁振益．天然产物化学实验 [M]．北京：化学工业出版社，2020.

[6] 徐德强，王英明，周德庆．微生物学实验教程（第4版）[M]．北京：高等教育出版社，2019.

[7] Frederick M，Ausubel. 精编分子生物学实验指南（第4版）[M]．北京：科学出版社，1998.

[8] 微科盟生科云在线数据分析平台：https：//www. bioincloud. tech/standalone-task-ui/network.

[9] 美吉生物生信云在线数据分析平台：https：//cloud. majorbio. com/.

[10] 国家卫生和计划生育委员会：GB 5009. 3—2016 食品安全国家标准　食品中水分的测定 [S]．北京：中国标准出版社，2016.

[11] 国家卫生和计划生育委员会：GB 5009. 225—2016 食品安全国家标准　酒中乙醇浓度的测定 [S]．北京：中国标准出版社，2016.

[12] 国家卫生和计划生育委员会：GB 5009. 239—2016 食品安全国家标准　食品酸度的测定 [S]．北京：中国标准出版社，2016.

[13] 国家卫生和计划生育委员会：GB 5009. 7—2016 食品安全国家标准　食品中还原糖的测定 [S]．北京：中国标准出版社，2016.

[14] 国家卫生和计划生育委员会：GB 5009. 9—2016 食品安全国家标准　食品中淀粉的测定 [S]．北京：中国标准出版社，2016.

[15] 国家卫生和计划生育委员会：GB 5009. 6—2016 食品安全国家标准　食品中脂肪的测定 [S]．北京：中国标准出版社，2016.

[16] 国家卫生和计划生育委员会：GB 5009. 12—2017 食品安全国家标准　食品中铅的测定 [S]．北京：中国标准出版社，2017.

[17] 国家卫生和计划生育委员会：GB 5009. 5—2016 食品安全国家标准　食品中蛋白质的测定 [S]．北京：中国标准出版社，2016.

[18] 国家卫生和计划生育委员会：GB 5009. 91—2017 食品安全国家标准　食品中钾、钠的测定 [S]．北京：中国标准出版社，2017.

[19] 国家质量监督检验检疫总局，国家标准化管理委员会：GB/T 6434—2006 饲料中粗纤维的含量测定　过滤法 [S]．北京：中国标准出版社，2006.

[20] 国家卫生和计划生育委员会：GB 5009.124—2016 食品安全国家标准　食品中氨基酸的测定 [S]. 北京：中国标准出版社，2016.

[21] 国家卫生和计划生育委员会：GB 5009.33—2016 食品安全国家标准　食品中亚硝酸盐与硝酸盐的测定 [S]. 北京：中国标准出版社，2016.

[22] 国家卫生和计划生育委员会：GB 5009.229—2016 食品安全国家标准　食品中酸价的测定 [S]. 北京：中国标准出版社，2016.

[23] 国家质量监督检验检疫总局，国家标准化管理委员会：GB/T 33405—2016 白酒感官品评术语 [S]. 北京：中国标准出版社，2016.

[24] 国家质量监督检验检疫总局，国家标准化管理委员会：GB/T 33404—2016 白酒感官品评导则 [S]. 北京：中国标准出版社，2016.

[25] 樊杉杉，唐洁，乐细选，等. 基于 HS-SPME-Arrow-GC-MS 和化学计量学的小曲清香型原酒等级判别 [J]. 食品与发酵工业，2021，47 (13)：7.

[26] 樊艳，李浩丽，郝怡宁. 基于电子舌与 SPME-GC-MS 技术检测腐乳风味物质 [J]. 食品科学，2020，41 (10)：8.

[27] 国家卫生和计划生育委员会：GB 1886.174—2016 食品安全国家标准　食品添加剂　食品工业用酶制剂 [S]. 北京：中国标准出版社，2016.

[28] 工业和信息化部：QB/T 4257—2011 酿酒大曲通用分析方法 [S]. 北京：中国轻工业出版社，2011.

[29] 农业农村部：NY/T 525—2021 有机肥料 [S]. 北京：中国农业出版社，2021.

[30] 杨秀培，肖丹，山桂云，等. 白酒中己酸乙酯测定的不确定度评估 [J]. 食品科学，2006，27 (7)：214-218.

[31] 李开，李妙，宋昊. 液相色谱法同时分析天然水果发酵液中 8 种有机酸和抗坏血酸 [J]. 分析试验室，2020，39 (6)：6.

[32] 安徽省质量技术监督局：DB34/T 2003—2013 白酒基酒中乳酸的测定方法 [S].

[33] 国家卫生和计划生育委员会：GB 5009.271—2016 食品安全国家标准　食品中邻苯二甲酸酯的测定 [S]. 北京：中国标准出版社，2016.